ゼロからはじめる

ドロップボックス
Dropbox
スマートガイド

リンクアップ 著

技術評論社

○ CONTENTS

目次

Chapter 1
Dropbox を始めよう

Section 01	Dropboxとは?	10
Section 02	Dropboxのしくみを理解しよう	12
Section 03	Dropboxを利用するには	14
Section 04	Dropboxのアカウントを作成しよう	18
Section 05	Dropboxにログインしよう	20
Section 06	Dropboxの基本画面を確認しよう	22
Section 07	Windows版Dropboxをインストールしよう	24
Section 08	Mac版Dropboxをインストールしよう	28
Section 09	iPhone版Dropboxをインストールしよう	32
Section 10	Android版Dropboxをインストールしよう	34

Chapter 2
Dropbox を使ってみよう

Section 11　ファイルを保存しよう … 38

Section 12　ファイルの内容を確認しよう … 40

Section 13　Officeファイルを編集しよう … 42

Section 14　Windowsのエクスプローラーから利用しよう … 44

Section 15　Windowsの通知領域から利用しよう … 48

Section 16　MacのFinderから利用しよう … 50

Section 17　スマホやタブレットでファイルを閲覧しよう … 54

Section 18　スマホやタブレットでファイルをアップロードしよう … 56

Section 19　スマホやタブレットにDropboxのファイルを保存しよう … 58

Section 20　ファイルを削除しよう … 60

Section 21　ファイルを復元しよう … 64

Section 22　ファイルを検索しよう … 68

◎ CONTENTS

Chapter 3
共有機能を利用しよう

Section 23　ファイルを共有する準備をしよう　　74

Section 24　ほかの人とファイルを共有しよう　　76

Section 25　共有されたファイルを確認しよう　　80

Section 26　共有フォルダを作成しよう　　82

Section 27　既存のファイルやフォルダを共有しよう　　84

Section 28　共有するユーザーを追加しよう　　86

Section 29　共有ファイルの作業状況を確認しよう　　88

Section 30　リンクを削除しよう　　90

Section 31　チームを作成しよう　　92

Section 32　チームを管理しよう　　96

Section 33　スマホやタブレットでファイルを共有しよう　　98

Chapter 4
画像を管理しよう

Section 34　デジカメの写真を保存しよう　　102

Section 35　写真を公開しよう　　104

Section 36　タイムラインを確認しよう　　106

Section 37　アルバムを作成しよう ……… 108

Section 38　アルバムを閲覧しよう ……… 110

Section 39　アルバムを編集しよう ……… 112

Section 40　作成したアルバムを公開しよう ……… 114

Section 41　アルバムの写真をFacebookで共有しよう ……… 116

Section 42　スマホやタブレットの写真をDropboxに保存しよう ……… 118

Section 43　スマホやタブレットの写真をDropboxに自動保存するには ……… 120

Section 44　デバイスをDropboxにリンクさせよう ……… 122

Section 45　スマホやタブレットの写真をDropboxに自動保存しよう ……… 124

Chapter 5
Dropbox の設定を変更しよう

Section 46　容量を確認しよう ……… 128

Section 47　無料で容量を増やそう ……… 130

Section 48　同期の設定を変更しよう ……… 134

Section 49　ファイルの保存先を変更しよう ……… 136

Section 50　通知の設定を変更しよう ……… 138

Section 51　プロフィール写真を設定しよう ……… 140

Section 52　パスワードを変更しよう ……… 142

CONTENTS

Section 53　メールアドレスを変更しよう　　144

Section 54　2段階認証でセキュリティを強化しよう　　146

Section 55　デバイスのリンクを解除しよう　　150

Chapter 6
Dropbox を活用しよう

Section 56　削除したファイルを復元しよう　　154

Section 57　ファイルにコメントを付けよう　　156

Section 58　Dropboxバッジを利用しよう　　158

Section 59　Dropboxのフォルダにファイルをアップロードしてもらおう　　160

Section 60　GmailでDropboxのファイルのリンクを添付しよう　　162

Section 61　Dropbox Automatorでファイルを自動変換しよう　　164

Section 62　同期フォルダ以外を同期しよう　　166

Section 63　ファイルを自動収集して保存しよう　　170

Section 64　WebページをPDFファイルにして保存しよう　　174

Section 65　ファイルを暗号化しよう　　176

Section 66　キャッシュを削除しよう　　180

Section 67　アカウントを削除しよう　　182

Chapter 7
スマートフォンでDropboxを活用しよう

- Section 68 スマートフォンで取ったメモをDropboxに保存しよう ······ 186
- Section 69 スマートフォンのボイスメモをDropboxに保存しよう ······ 190
- Section 70 Androidスマートフォンで文書をPDF化しよう ······ 194
- Section 71 AndroidスマートフォンのSDカードとDropboxを同期しよう 196
- Section 72 iPhoneでドキュメントをスキャンしよう ······ 198
- Section 73 スマートフォンでOfficeファイルを編集しよう ······ 200
- Section 74 パスコードを設定しよう ······ 204
- Section 75 LINEの画像を保存しよう ······ 206

Chapter 8
Dropbox Pro にアップグレードしよう

- Section 76 Dropbox Proとは ······ 210
- Section 77 Dropbox Proにアップグレードしよう ······ 212
- Section 78 共有の有効期限を設定しよう ······ 214
- Section 79 共有フォルダを読み取り専用にしよう ······ 216
- Section 80 共有ファイルにパスワードをかけよう ······ 218
- Section 81 遠隔削除しよう ······ 220

ご注意：ご購入・ご利用の前に必ずお読みください

●本書に記載した内容は、情報の提供のみを目的としています。したがって、本書を用いた運用は、必ずお客様自身の責任と判断によって行ってください。これらの情報の運用の結果について、技術評論社および著者、アプリの開発者はいかなる責任も負いません。

●ソフトウェアに関する記述は、特に断りのない限り、2017年1月現在での最新バージョンをもとにしています。ソフトウェアはバージョンアップされる場合があり、本書での説明とは機能内容や画面図などが異なってしまうこともあり得ます。また、本書で紹介したWebサービスは、予告なく画面を変更されたり、サービスが終了したりします。バージョンアップ後やサービス変更後の内容につきましては解説することができません。あらかじめご了承ください。

●本書は以下の環境で動作を確認しています。ご利用時には、一部内容が異なることがあります。あらかじめご了承ください。
iOS端末 ： iOS 10.2（iPhone 7）
Android端末 ： Android 7.1.1（Nexus 6P）
パソコンのOS ： Windows 10

●インターネットの情報については、URLや画面などが変更されている可能性があります。ご注意ください。

以上の注意事項をご承諾いただいたうえで、本書をご利用願います。これらの注意事項をお読みいただかずに、お問い合わせいただいても、技術評論社は対処しかねます。あらかじめ、ご承知おきください。

■本書に掲載した会社名、プログラム名、システム名などは、米国およびその他の国における登録商標または商標です。本文中では、™、®マークは明記していません。

第1章

Dropboxを始めよう

Section 01	Dropboxとは?
Section 02	Dropboxのしくみを理解しよう
Section 03	Dropboxを利用するには
Section 04	Dropboxのアカウントを作成しよう
Section 05	Dropboxにログインしよう
Section 06	Dropboxの基本画面を確認しよう
Section 07	Windows版Dropboxをインストールしよう
Section 08	Mac版Dropboxをインストールしよう
Section 09	iPhone版Dropboxをインストールしよう
Section 10	Android版Dropboxをインストールしよう

Section 01

第 1 章 >> Dropbox を始めよう

Dropbox とは?

Dropboxとは、「オンラインストレージ」を使ったWebサービスの1つです。ドキュメントや写真、動画、音楽など、さまざまなファイルをインターネット上に保存できるほか、データを同期したり、ほかの人と共有したりすることもできます。

オンラインストレージとは?

オンラインストレージとは、インターネット上にあるディスクスペースのことです。ハードディスクのようにさまざまなファイルを保存することができ、クラウドストレージとも呼ばれています。インターネット上のデータ保管庫に手元にあるデータを保存することで、どこからでもアクセスすることが可能となり、パソコンのほか、スマートフォンなど複数のデバイスから利用することができます。

Dropboxでできること

Dropboxには、文書や画像、動画などのあらゆるファイルを保存することができます。保存したファイルは、職場の同僚や友人同士など、複数のメンバーと共有できるため、ビジネスでの利用にも適しています。また、同期機能によって、会社や自宅、外出先など、あらゆる場所からデータにアクセスすることが可能なほか、バックアップ機能が備わっているので、誤ってファイルを削除してしまった場合でも、ファイルを復元することが可能です。

● **保存**

データをDropbox上に保存しておくことで、外出先でもかんたんに、そのデータにアクセスすることができます。

● **共有**

Dropbox上にあるファイルは、所有者だけではなく、ほかの人と共有することができます。編集することもできるため、共同作業が可能です。

● **復元**

データを同期することで、そのデータは自動的にバックアップされます。データを削除してしまった場合でも、かんたんに復元することができます。

● **同期**

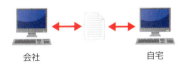

会社　　　　　　自宅

同期機能により、さまざまなデバイスから同じデータを見ることができます。同期されているデータは自動更新されるため、Dropbox上にあるデータは常に最新の状態です。

Section 02

第1章 >> Dropboxを始めよう

Dropboxのしくみを理解しよう

Dropboxを利用する前に、Dropboxの特徴や基本的なしくみについて確認しておきましょう。容量やアクセス環境など、使用するうえで重要な点が含まれるため、しっかりと理解しておくことが大切です。

Dropboxの特徴

容量

Dropboxは、アカウント作成時点で2GBまでの容量を無料で利用することができます。友だちを招待することで、最大16GBまで増設可能です。有料プランにアップグレードすることで、1TB（1,000GB）の容量を利用できます。

履歴

Dropboxは、すべてのファイルの更新内容が30日間保存されるようになっています。ファイルを前の状態に戻したり、誤って削除してしまったファイルをもとの状態に戻すことができます。

編集

Dropboxに保存してあるOfficeファイルを、Office Onlineアプリを使ってWebブラウザ上で直接編集することができます。どのプランでも利用が可能で、複数の人と共有しながらファイルの編集を行うことができるので便利です。

Dropboxのしくみを理解する

パソコンにDropboxのアプリをインストールすると、パソコン内に専用のフォルダが作成されます。このフォルダにファイルを保存すると、インターネットに接続していれば、自動的にDropboxのオンラインストレージにファイルがアップロードされ、Dropboxのサーバーや、Dropboxをインストールしているすべての端末と同期されます。たとえば、自宅で作成したファイルをDropboxに保存しておけば、会社や外出先などからも、同じファイルを閲覧できるほか、フォルダ内にあるファイルの編集や削除を行っても、自動で同期が行われるので、常に最新のファイルを確認できます。また、スマートフォンやタブレットでは、撮影した写真や動画をDropboxにアップロードすることができるので、パソコンの大きな画面で確認するときに便利です。

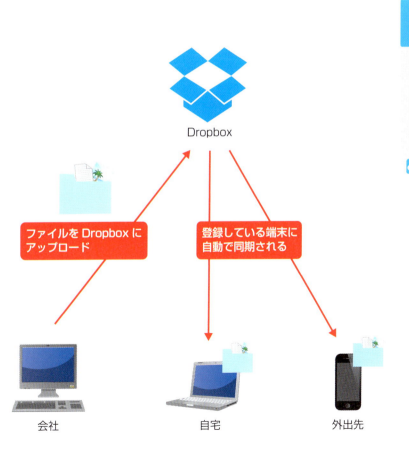

Dropboxを利用するには

Dropboxは、どこからでもアクセスすることができるサービスです。自宅ではパソコン、外出先ではスマートフォンといったように、状況に応じて複数のデバイスからアクセスすることができます。

さまざまなデバイスで利用できる

Dropboxは、WindowsパソコンやMacを始め、タブレットやスマートフォンなど、さまざまなデバイスから利用することができます。会社や自宅はもちろん、移動中の車や電車の中など、あらゆる場所から情報にアクセスできます。

Windows

Mac

タブレット

iPhone

Android スマートフォン

> 1つのデバイスで変更した内容は、すべてのデバイスに反映されます。インターネットに接続していなくても、ファイルを閲覧することができます。

パソコンからDropboxを利用する

Windows

Windowsでは、エクスプローラーからDropbox内のファイルを閲覧・編集することができます。

Mac

Macでは、Finderを利用してDropbox内のファイルを操作することができます。

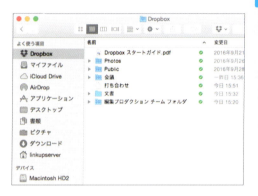

Dropbox.com

Webブラウザから利用するWeb版のDropboxです。ネット環境があれば、WebブラウザからDropboxを利用することができます。削除したファイルの復元やチームの作成など、Web版でしかできない操作もあります。本書では、「Web版のDropbox」と表記します。

スマートフォンからDropboxを利用する

iPhone

iPhoneでも専用アプリを使ってDropboxを利用することができます。基本的にパソコンで利用する場合と同様の機能を使うことができます。ファイルの確認やかんたんな編集を行うことができるほか、iPhoneで撮影した画像や動画をかんたんにDropbox上に保存することができます。

Androidスマートフォン

AndroidスマートフォンもiPhoneと同様、専用アプリを使ってDropboxを使うことができます。Officeアプリをインストールすることで、「Word」や「Excel」などの文書ファイルを編集できるほか、ほかのユーザーと共有したファイルのプレビュー画面でコメントのやり取りをすることが可能です。コメント機能を使い、ファイルを共同編集することができます。

Dropboxの動作環境

WindowsやMacなどのパソコンでは、Dropboxアカウントのストレージ容量と同じ容量のディスク空き容量が必要になります。Dropboxが利用できる条件は以下の通りです。

項目	必要な条件
ネットワーク	インターネットに接続していること
メモリー	512MB以上
空き容量	利用可能なストレージと同容量
OS（パソコン）	Windows：Windows Vista ／ 7 ／ 8 ／ 8.1 ／ 10 Mac：OS X Snow Leopard (10.6.8) から macOS Sierra (10.12) まで Linux：Ubuntu 10.04以降、Fedora 19 以降
iPhone、iPad	iOS 8 以降
Android	Android OS 4.1 以降

プランと支払い方法

Dropboxは、無料と有料の2種類のプランがあり、プランによって使用できる容量や機能に違いがあります。Basicプランでは、アカウント作成時点で、無料で2GBまでの容量を使うことができます。有料プランにアップグレードすると、ストレージ容量を増やすことができるほか、ファイルの履歴の保存期間を変更できるオプションも用意されています。支払い方法はクレジットカード決済かPayPalによる決済の2種類に対応しています。なお、料金プランは突然変更になる可能性もあるので、有料プランへアップグレードする際は注意しましょう。

●プラン内容

項目	年間払い	月間払い
Basic	無料	無料
Pro（個人向け）	12,000円／年	1,200円／月
Business（チーム向け） ※最小5ユーザー	75,000円／年（5ユーザー分）	7,500円／月（5ユーザー分）

Memo Web版Dropboxの動作環境

Webブラウザから利用するWeb版Dropboxは、メジャーなWebブラウザであれば、ほぼ動作します。しかし、バージョンによっては正しく機能しない場合があるので、最新版を利用するようにしましょう。

Section 04

第1章 >> Dropboxを始めよう

Dropboxのアカウントを作成しよう

Dropboxを利用するには、最初にユーザーアカウントを作成する必要があります。DropboxのWebサイトにアクセスし、アカウントを作成しましょう。メールアドレスがあれば、誰でも無料でアカウントを作成することができます。

新規アカウントを作成する

① Webブラウザ（ここではMicrosoft Edge）を起動します。

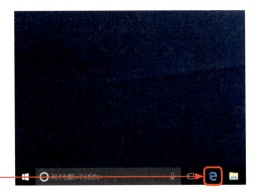

クリックする

② 検索欄に「https://www.dropbox.com/」と入力し、→をクリックします。

❶ 入力する

❷ クリックする

③ DropboxのWebサイトが表示されます。

④ 「姓」「名」「メールアドレス」「パスワード」を入力し、「Dropboxの利用規約に同意します」のチェックボックスをクリックしてチェックを付け、＜登録する＞をクリックすると、アカウントが作成されます。

❶入力する
❷クリックする
❸クリックする

Memo アプリのダウンロードページが表示された場合は

手順④の画面で＜登録する＞をクリックすると、Dropboxのアプリをダウンロードするための画面が表示されます。アプリのダウンロードはP.24以降で詳しく解説するので、ここではブラウザの＜閉じる＞ボタンをクリックして終了します。

Section 05

第1章 >> Dropbox を始めよう

Dropboxに
ログインしよう

Sec.04で作成したアカウントを使って、Dropboxにログインしてみましょう。インターネットに接続していれば、どのパソコンからでも利用することができます。また、ログアウトもかんたんにできます。

Dropboxにログインする

(1) P.19手順③の画面で、画面右上の＜ログイン＞をクリックします。P.19手順④で登録したメールアドレスとパスワードを入力し、ログインをクリックします。

❶ 入力する
❷ クリックする

(2) Web版のDropbox画面が表示されます。なお、P.18手順①～P.19手順③を参考にして、Dropboxにアクセスすると、すでにログインしている場合は、右の画面が表示されます。

Dropboxからログアウトする

(1) 画面右上のユーザー名をクリックします。

クリックする

(2) メニューが表示されるので、＜ログアウト＞をクリックすると、ログアウトできます。

クリックする

Memo パスワードを忘れてしまったときは？

パスワードを忘れてしまった場合は、P.20手順①の画面で＜パスワードを忘れてしまった場合＞をクリックします。次の画面で、登録したメールアドレスを入力し、＜送信＞をクリックすると、入力したメールアドレス宛にメールが届くので、メールの内容を参考にして、パスワードを再設定します。

Section 06

第1章 >> Dropbox を始めよう

Dropbox の基本画面を確認しよう

Web版Dropboxは、Webブラウザから利用できるDropboxのことです。基本画面からさまざまな機能にアクセスすることができます。画面構成をしっかりと把握し、Dropboxを使いこなしていきましょう。

Dropboxの基本画面

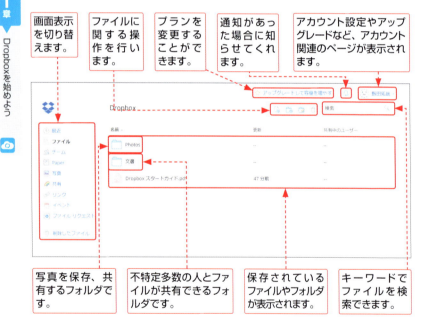

画面表示を切り替えます。	
ファイルに関する操作を行います。	
プランを変更することができます。	
通知があった場合に知らせてくれます。	
アカウント設定やアップグレードなど、アカウント関連のページが表示されます。	
写真を保存、共有するフォルダです。	
不特定多数の人とファイルが共有できるフォルダです。	
保存されているファイルやフォルダが表示されます。	
キーワードでファイルを検索できます。	

Memo 画面表示が変わる場合

無料のBasicプランでは、Web版Dropboxの基本画面上部に、「DROPBOXの習得度」が表示され、達成した項目にチェックが付きます。すべての項目を達成すると、Dropbox内の画面表示が変更されます。

Dropboxの7つのステップ

Dropboxには、7つのステップが用意されており、ステップを通してDropboxの活用法を学ぶことができます。7つのうち5つを完了すると、250MBの容量を獲得することができます。以下の画面の表示方法は、Sec.47を参照してください。

❶Dropboxツアーを開始する	Dropboxの基本を説明しています。最後まで読み終わると完了です。
❷パソコンにDropboxをインストール	Dropboxアプリをダウンロードして、パソコンにインストールすると完了です(Sec.07,08参照)。
❸Dropboxフォルダにファイルを保存する	Dropboxにドキュメントや写真などのファイルを保存すると完了です(Sec.11参照)。
❹お使いの他のコンピュータにもDropboxをインストールする	1つのアカウントで、複数のパソコンにDropboxをインストールすると完了です。
❺友人や同僚とフォルダを共有する	Dropbox内のフォルダを共有すると完了です(Sec.24参照)。
❻Dropboxにお友達を招待する	メールなどで友人をDropboxに招待します。招待された人がDropboxに登録し、インストールを行うと、あなたと友人がそれぞれ500MBの追加容量をもらえます(Sec.47参照)。
❼モバイルデバイスにDropboxをインストールする	iPhone、iPad、Androidのいずれかに、Dropboxアプリをインストールすると完了です(Sec.09,10参照)。

Section 07　第1章 >> Dropboxを始めよう

Windows版Dropboxを インストールしよう

Dropboxには、パソコン上でファイルを管理するための専用アプリが用意されています。インストールすると、Webブラウザを利用しなくても、エクスプローラーを使って、ファイルを自動で同期できるようになります。

アプリをダウンロードする

① P.18手順①～②を参考にDropboxのWebサイトを表示して、画面右上の<アプリをダウンロード>をクリックします。

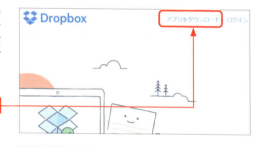

クリックする

② 画面下部の<保存>をクリックし、ボタンが「実行」に変更されたら、<実行>をクリックします。

クリックする

Memo 「アプリをダウンロード」が表示されないときは?

手順①の画面が表示されない場合は、画面上部の「DROPBOXの習得度」に表示される<Dropboxをダウンロード>をクリックします。

クリックする

🅐 アプリをインストールする

1 P.24手順 ① 〜 ② のあと、「ユーザーアカウント制御」画面が表示されたら、＜はい＞をクリックすると、自動的にインストールが始まります。

2 「Dropboxの設定」画面が表示されます。アカウント作成時に登録したメールアドレスとパスワードを入力し、＜ログイン＞をクリックします。

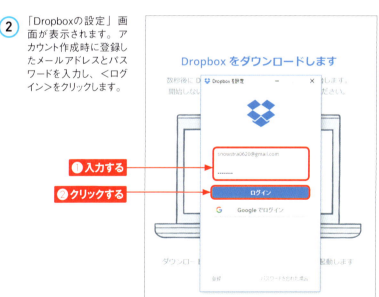

❶ 入力する
❷ クリックする

③ インストール完了の画面が表示されます。＜自分のDropboxを開く＞をクリックすると、「スタートガイド」画面が表示されるので、＜次へ＞をクリックして進み、＜完了＞をクリックします。

クリックする

④ エクスプローラーが開きます。＜Dropbox スタートガイド＞をダブルクリックします。

ダブルクリックする

Memo　Dropboxフォルダが表示されないときは？

手順④の画面が表示されない場合は、エクスプローラー内の左側に表示される「クイックアクセス」の下の＜Dropbox＞をクリックすると、Dropboxフォルダ内を表示させることができます。

⑤ 「Dropboxスタートガイド」が表示されるので、基本事項を理解しておきましょう。

Memo Dropboxの同期を一時停止する

Dropboxの同期を一時停止したい場合は、デスクトップ画面右下のタスクバーに表示されている■をクリックし、Dropboxの変更されたファイルを確認する小さなウィンドウを表示します。ウィンドウ左上の<最新の状態>をクリックすると、「同期を一時停止」と表示され、Dropboxの同期が一時停止します。同期を再開したい場合は、<同期を一時停止>をクリックします。ウィンドウ右上の ✿▼ をクリックして、表示されるメニューから<同期を一時停止>をクリックして、同期の一時停止を行うこともできます。

Section 08

第1章 >> Dropboxを始めよう

Mac版Dropboxを インストールしよう

MacにもWindowsと同様に、Dropboxの専用アプリが用意されています。メニューバーから利用することができ、Webブラウザを使わずに自動で同期できるようになります。まずはダウンロードしてインストールしましょう。

アプリをダウンロードする

(1) Webブラウザを開き、Dropbox公式サイト「https://www.dropbox.com/」にアクセスします。Webサイトが表示されたら、画面右上の＜アプリをダウンロード＞をクリックします。

クリックする

(2) ダウンロードが始まります。

アプリをインストールする

(1) デスクトップ画面下部に表示されているDockで をクリックし、P.28手順①～②でダウンロードしたファイルをダブルクリックします。

ダブルクリックする

(2) Dropboxのインストール画面が表示されます。 をダブルクリックします。

ダブルクリックする

③ 表示されたポップアップ画面で、<開く>をクリックします。

クリックする

④ インストールが始まります。

⑤ インストールが終了すると、ログイン画面が表示されるので、登録したメールアドレスとパスワードを入力し、<ログイン>をクリックします。

❶ 入力する

❷ クリックする

⑥ インストールが完了します。＜Dropboxフォルダを開く＞をクリックします。

クリックする

⑦ Finderが開き、Dropboxが表示されます。Dropboxアプリ内には「Dropboxスタートガイド」が表示されます。

表示される

Memo Finderとメニューバー

MacにDropboxをインストールすると、メニューバーにDropboxのアイコンが表示されて、同期が始まります。基本設定などの操作がメニューバーのDropboxアイコンからできるようになります。

❶ クリックする
❷ クリックする

Section 09

第1章 >> Dropbox を始めよう

iPhone版 Dropboxを インストールしよう

Dropboxでは、パソコンだけでなくiPhoneでも利用することができます（Android版はSec.10参照）。iPhone用のDropboxアプリをインストールすることで、保存したファイルをiPhoneで閲覧したり、編集したりすることができます。

iPhone版Dropboxアプリをインストールする

① ホーム画面で＜App Store＞をタップします。

② 画面下部の🔍をタップし、検索フィールドに「Dropbox」と入力して、＜Dropbox＞をタップします。

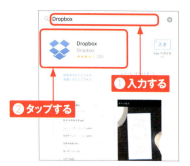

③ ＜入手＞をタップします。

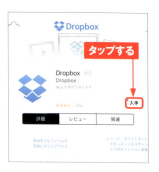

④ ＜インストール＞をタップすると、インストールが開始されます。

iPhone版Dropboxアプリを設定する

(1) インストールを完了し、ホーム画面で＜Dropbox＞アプリのアイコンをタップします。

(2) 画面下部の＜ログイン＞をタップします。

(3) Sec.04で作成したアカウントのメールアドレスとパスワードを入力し、＜ログイン＞をタップします。

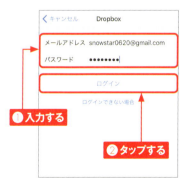

(4) 「写真をアップロード」画面が表示されます。ここでは画面右上の＜スキップ＞をタップします。

(5) 通知の送信に関する画面が表示されたら、＜許可＞または＜許可しない＞をタップします。

(6) Dropboxが開きます。

Section 10

第1章 >> Dropboxを始めよう

Android版Dropboxを インストールしよう

Androidスマートフォンにも、Dropboxアプリが用意されています。アプリをインストールすると、Androidスマートフォンからファイルの保存やダウンロードが可能になります。

Android版Dropboxアプリをインストールする

① ホーム画面で＜Play ストア＞をタップします。

② 検索フィールドに「Dropbox」と入力し、＜Dropbox＞をタップします。

③ ＜インストール＞をタップして、インストールします。

④ インストールが完了すると、下記の画面が表示されます。

Android版Dropboxアプリを設定する

(1) アプリケーション画面で、＜Dropbox＞をタップします。

(2) 画面下部の＜ログイン＞をタップします。

(3) Sec.04で作成したアカウントのメールアドレスとパスワードを入力し、＜ログイン＞をタップします。

(4) Dropboxが開きます。

Dropboxの活用例（チームで利用、営業ツールで利用）

●チームで利用

Dropboxには「チーム」機能（Sec.31参照）があります。プロジェクトチームでDropboxを利用すれば、チーム内のメンバー全員でフォルダやファイルの共有や、常に最新のデータを確認することができるようになります。

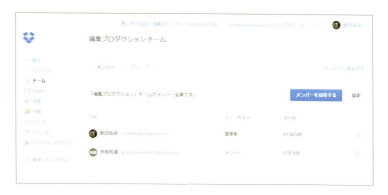

●営業ツールで利用

パソコンやタブレットを使って、プレゼンや会議を行う人は多いかもしれません。しかし、打ち合わせの前にその都度ファイルを転送するのは時間のかかる作業です。そのようなときは、資料をDropboxに保存することによって、いつでもどこでも最新のデータを利用することができます。

第2章

Dropboxを使ってみよう

Section 11	ファイルを保存しよう
Section 12	ファイルの内容を確認しよう
Section 13	Officeファイルを編集しよう
Section 14	Windowsのエクスプローラーから利用しよう
Section 15	Windowsの通知領域から利用しよう
Section 16	MacのFinderから利用しよう
Section 17	スマホやタブレットでファイルを閲覧しよう
Section 18	スマホやタブレットでファイルをアップロードしよう
Section 19	スマホやタブレットにDropboxのファイルを保存しよう
Section 20	ファイルを削除しよう
Section 21	ファイルを復元しよう
Section 22	ファイルを検索しよう

Section 11

第2章 >> Dropbox を使ってみよう

ファイルを保存しよう

Web版Dropboxにファイルを保存してみましょう。Dropboxにファイルをアップロードしておけば、Dropboxをインストールしているほかの端末からでもかんたんに閲覧したり、削除したりすることができます。

Dropboxにファイルをアップロードする

1. P.18手順①～②を参考にWeb版Dropboxを開きます。をクリックします。

クリックする

2. ＜ファイルを選択＞をクリックします。

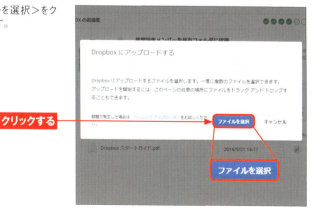

クリックする

③ 保存したいファイルをクリックし、＜開く＞をクリックします。

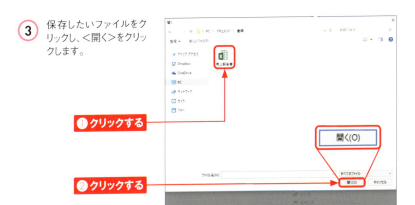

④ ファイルが登録されます。＜完了＞をクリックします。

⑤ ファイルがアップロードされます。

Memo フォルダを作成する

Web版Dropboxを開き、をクリックして、フォルダ名を入力すると、新規フォルダを作成することができます。

Section 12

第2章 >> Dropbox を使ってみよう

ファイルの内容を確認しよう

Sec.11で保存したファイルを確認してみましょう。また、Dropboxからファイルをダウンロードすると、エクスプローラーが開き、ダウンロードしたファイルを閲覧することができます。

ファイルを確認する

1. Web版Dropboxを開き、確認したいファイルのファイル名の部分をクリックします。

   クリックする

2. ファイルの内容が表示されます。画面左上の×をクリックすると、手順①の画面に戻ります。

   クリックする

ファイルをダウンロードする

1. ダウンロードしたいファイルの、ファイル名以外の箇所をクリックして選択し、＜ダウンロード＞をクリックします。

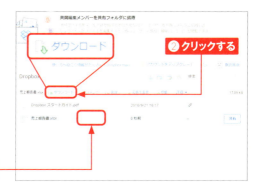

2. ＜保存＞をクリックすると、エクスプローラーの「ダウンロード」フォルダにファイルがダウンロードされます。なお、＜名前を付けて保存＞をクリックすると、ファイル名や保存場所を指定してダウンロードすることができます。

3. ダウンロードが完了します。＜開く＞をクリックするとファイルが開きます。＜フォルダーを開く＞をクリックすると、エクスプローラーの「ダウンロード」フォルダが開き、ダウンロードしたファイルを確認できます。

Memo 開いたファイルを直接ダウンロードする

P.40手順②の画面で、画面右上の — をクリックし、＜ダウンロード＞をクリックすると、ファイルをダウンロードすることができます。なお、PDFなど一部のファイルは、画面右上に直接「ダウンロード」と表示されるものもあります。

Section 13

第2章 >> Dropbox を使ってみよう

Officeファイルを編集しよう

DropboxがOffice Onlineと提携したことにより、Dropboxに保存されているOfficeファイルを、直接編集できるようになりました。編集した内容は、同期している各デバイスのファイルに自動的に反映されます。

Officeファイルを編集する

(1) P.40手順①〜②を参考にOfficeファイル（ここではExcelファイル）を開き、画面右上の＜開く＞をクリックします。

クリックする

(2) ＜許可＞をクリックします。

クリックする

(3) Excel Onlineが開き、ファイルを編集することができます。

④ 編集した内容は自動で更新されます。Excel Onlineを終了するときは、画面上部の＜保存してDropboxに戻る＞をクリックするか、画面左上の＜ファイル＞をクリックします。

⑤ 手順④の画面で＜ファイル＞をクリックした場合は、右の画面が表示されます。＜終了＞をクリックします。

Memo 旧形式のOfficeファイルは編集できない

Dropboxでは、Office 2003以前のファイルを編集することができません。旧形式のファイルを編集したい場合は、新しいバージョンで保存してから利用しましょう。なお、MacのSafariを利用している場合は、P.42手順②の画面で＜許可＞をクリックすると、「ブラウザーで編集しますか?」の画面が表示されることがあります。＜コピーして編集＞をクリックすると、ファイルを編集できるようになります。

Section 14

第2章 >> Dropbox を使ってみよう

Windowsのエクスプローラーから利用しよう

Windowsのエクスプローラーを利用して、Dropboxにファイルを保存すると、インターネットに接続していれば、すぐに同期が開始されます。

エクスプローラーからファイルを保存する

① デスクトップ画面右下のタスクトレイで🗂をクリックし、ウィンドウ左下に表示される■をクリックします。

② エクスプローラーが起動し、Dropboxにアップロードしたファイルが表示されます。

③ 保存したいファイルを、Dropbox内にドラッグ&ドロップします。

ドラッグ&ドロップする

④ インターネットに接続していれば、ファイルの同期が開始されます。🔄は同期中を示しています。

⑤ 🔄が✅に変わると、同期が完了します。なお、インターネットに接続していない場合は、Dropboxフォルダにファイルを移動しても、インターネットに接続するまで、同期されません。

◎ エクスプローラーからファイルを表示する

(1) エクスプローラーを開き、<Dropbox>をクリックします。

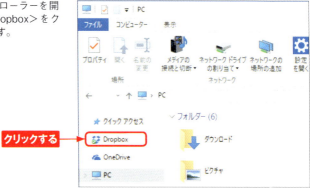

(2) 編集したいファイルをダブルクリックします。

(3) ファイルの内容が表示されます。

ファイルの同期を確認する

1. P.46手順①を参考に「Dropbox」フォルダを開きます。フォルダ内の何もない箇所を右クリックし、＜Dropbox.comで表示＞をクリックします。

❶右クリックする

❷クリックする

2. Web版Dropboxが表示されます。インターネットに接続し、同期が完了していれば、P.46手順②でDropbox内に移動させたファイルを確認することができます。

Memo 別のパソコンでファイルを確認する

「同期」とは、パソコンのDropboxフォルダ内のファイルとインターネット上のDropboxのファイルの内容を同じにすることです。「Dropbox」フォルダにファイルを移動すると、インターネットに接続していれば、自動的に同期が行われ、Dropboxをインストールしたほかの端末でファイルを確認できます。ただし、複数のパソコンでファイルをやり取りしたい場合は、それぞれの端末にDropboxアプリをインストールする必要があります。

Section 15

第 2 章 >> Dropbox を使ってみよう

Windows の通知領域から利用しよう

Web版Dropboxを開かなくても、Windowsの通知領域を利用して、更新したファイルの確認やファイルの編集を行うことができます。インターネットの環境がない場所でも利用できる、便利な機能です。

更新されたファイルを確認する

1. デスクトップ画面右下のタスクトレイで■をクリックします。

クリックする

2. 最近更新されたファイルを確認することができます。

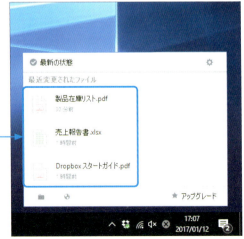

更新されたファイル

更新されたファイルを編集する

(1) P.48手順②の画面で、編集したいファイルをクリックします。

クリックする

(2) エクスプローラーが起動するので、編集したいファイルをダブルクリックします。

ダブルクリックする

(3) ファイルの内容が表示されます。編集を行います。

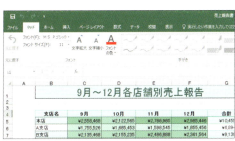

(4) 編集が終わったら、画面左上の🖫をクリックしてファイルを保存します。インターネットに接続すると、ファイルの同期が開始されます。

クリックする

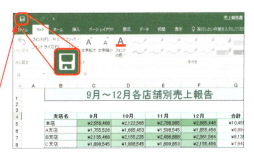

Section 16

第2章 >> Dropbox を使ってみよう

Mac の Finder から利用しよう

Windowsのエクスプローラーと同様に、MacのFinderを利用して、Mac内に保存されているファイルをDropbox内に保存することができます。ファイルの編集もかんたんに行うことができます。

MacのFinderからファイルを保存する

(1) デスクトップ画面のDockから🙂をクリックします。

クリックする

(2) Finderが起動するので、<Dropbox>をクリックすると、Dropboxにアップロードしたファイルが表示されます。

クリックする

(3) 保存したいファイルを、Dropbox内にドラッグ&ドロップします。

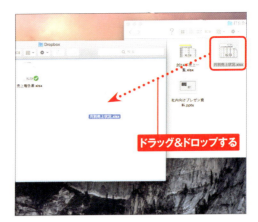

ドラッグ&ドロップする

(4) インターネットに接続していれば、ファイルの同期が開始されます。🔄は同期中を示します。

(5) 🔄が✅に変わると、同期が完了します。なお、インターネットに接続していない場合は、Dropboxフォルダにファイルを移動しても、インターネットに接続するまで、同期されません。

MacのFinderからファイルを表示する

(1) デスクトップ画面のDockから📁をクリックします。

クリックする

(2) <Dropbox>をクリックし、編集したいファイルをダブルクリックします。

① クリックする

② ダブルクリックする

(3) ファイルに対応したアプリケーションが起動し、ファイルの内容が表示されます。

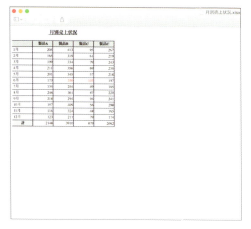

Macのメニューバーから操作する

(1) デスクトップ画面のメニューバーから💧をクリックします。

クリックする

(2) 最近更新されたファイルを確認することができます。■をクリックします。

クリックする

(3) Dropboxにアップロードしたファイルが表示されます。

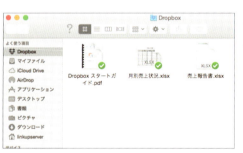

Memo　MacでDropboxを設定する

手順(2)の画面で✿をクリックし、＜基本設定＞をクリックすると、Dropboxの「設定」画面を表示できます。また、同期の一時停止や、Dropboxを終了することも可能です。

①クリックする
②クリックする

Section 17

第2章 >> Dropbox を使ってみよう

スマホやタブレットでファイルを閲覧しよう

Dropboxに保存されたファイルは、iPhoneやAndroidスマートフォン、タブレットから、専用のアプリを利用して確認することができます。ファイルをフォルダ分けしている場合は、フォルダをタップして開きます。

iPhoneでファイルを閲覧する

1. Sec.09を参考にして、アプリをインストールしておきます。ホーム画面で＜Dropbox＞アプリのアイコンをタップします。

2. 画面下部の をタップし、閲覧したいファイルをタップします。

3. ファイルの内容が表示されます。画面右上の をタップします。

4. 名前の変更やファイルの削除など、ファイルに関する操作ができます。画面右上の をタップすると、ファイルを共有することもできます。また、画面左下の をタップすると、コメントを投稿したり、追加することができます。

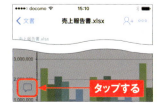

Androidスマートフォンでファイルを閲覧する

1. Sec.10を参考にして、アプリをインストールしておきます。アプリケーション画面で＜Dropbox＞をタップします。

2. 画面左上の☰をタップします。

3. ＜ファイル＞をタップします。

4. 閲覧したいファイルをタップします。

5. ファイルの内容が表示されます。

6. 画面左上の←をタップすると、手順④の画面に戻ります。

Section 18

第2章 >> Dropbox を使ってみよう

スマホやタブレットでファイルをアップロードしよう

Dropboxアプリを使って、スマートフォンやタブレットに保存されているファイルを、Dropbox内にアップロードすることができます。ファイルをアップロードすると、インターネットに接続していれば、自動的に同期が行われます。

iPhoneでファイルをアップロードする

① iPhoneのDropboxアプリを開き、画面下部の + をタップします。

② <ファイルを作成/アップロード>をタップします。

③ <ファイルをアップロード>をタップします。

④ ここでは、iCloud Driveに保存したファイルをアップロードします。<iCloud Drive>をタップします。

⑤ アップロードしたいファイルをタップします。

⑥ <アップロード>をタップします。

Androidスマートフォンでファイルをアップロードする

1. AndroidスマートフォンのDropboxアプリを開き、＋をタップします。

タップする

2. ＜ファイルをアップロード＞をタップします。

タップする

3. アップロードしたいファイルをタップします。

タップする

4. ファイルがアップロードされます。

Memo 写真や動画をアップロードする

写真や動画をアップする際は、手順②の画面で＜写真や動画のアップロード＞をタップし、アップロードしたいファイルをタップして選択して、＜アップロード＞をタップします。一度に複数のファイルを選択することも可能です。

❶タップする
❷タップする

Section 19

第2章 >> Dropboxを使ってみよう

スマホやタブレットに Dropboxのファイルを保存しよう

インターネット上のDropbox内に保存されているファイルを、iPhoneやAndroidスマートフォン、タブレットに保存することができます。インターネットに接続していない場合でも、保存したファイルを閲覧することができます。

iPhoneでファイルを保存する

① iPhoneのDropboxアプリを開き、保存したいファイルをタップします。

② 画面右上の をタップします。

③ <オフラインアクセスを許可>をタップします。

④ ファイルが保存されます。保存されたファイルには、 が表示されます。

Androidスマートフォンでファイルを保存する

(1) AndroidスマートフォンのDropboxアプリを開き、保存したいファイルをタップします。

(2) 画面右上の◎をタップします。

(3) ＜オフラインアクセス可＞をタップします。

(4) ファイルが保存されます。保存されたファイルには、◎が表示されます。

Memo Androidスマートフォンにファイルを保存する

手順①の画面で、保存したいファイルの右側に表示される◎をタップし、＜エクスポート＞→＜デバイスに保存＞の順にタップして、保存先を選択したあとにファイル名を編集して＜保存＞をタップすると、Androidスマートフォン内にファイルを保存することができます。

Section 20

第2章 >> Dropbox を使ってみよう

ファイルを削除しよう

Dropboxに保存されているファイルは削除することができます。また、スマートフォンやタブレットからも同様の操作を行うことができます。不要なファイルは削除をし、Dropbox内を整理しましょう。

ファイルを削除する

(1) Web版Dropboxを開き、削除したいファイルのファイル名以外の箇所をクリックして選択し、<削除>をクリックします。

❶選択する
❷クリックする

(2) <削除>をクリックします。

クリックする

(3) インターネット上のファイルが削除されます。同期が完了すると、WindowsのエクスプローラーやMacのFinderのDropboxフォルダにも、削除したファイルは表示されなくなります。

ファイルを完全に削除する

1. P.60手順③の画面で、画面左側に表示されている＜削除したファイル＞をクリックします。

2. 削除したファイルが表示されます。完全に削除したいファイルの をクリックします。

3. ＜完全に削除＞をクリックします。

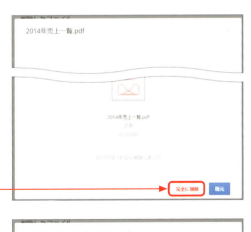

4. ＜完全に削除＞をクリックします。

iPhoneでファイルを削除する

1 iPhoneのDropboxアプリを開き、削除したいファイルの をタップします。

2 <削除>をタップします。

3 <削除>をタップします。

Memo 削除したファイルは復元できる?

誤ってファイルを削除してしまった場合でも、P.61手順③の画面で<復元>をクリックするなど、削除したファイルはもとの場所に復元することが可能です(Sec. 21参照)。ただし、復元はWeb版Dropboxからでしか行えません。また、プランによっては復元期限が設けられているので気を付けましょう。

Androidスマートフォンでファイルを削除する

(1) AndroidスマートフォンのDropboxアプリを開き、削除したいファイルの○をタップします。

(2) ＜削除＞をタップします。

(3) ＜削除＞をタップします。

Memo ファイルの削除をキャンセルする

手順③のあと、画面下部に表示される＜元に戻す＞をタップすると、ファイルの削除がキャンセルされます。

Section 21

第2章 >> Dropboxを使ってみよう

ファイルを復元しよう

Dropboxに保存されているファイルを削除してしまっても、復元できる期限内であれば、ファイルを復元することができます。また、ファイルの更新履歴からファイルを復元することも可能です。

削除したファイルや文書を表示する

1. Web版Dropboxを開き、をクリックします。

クリックする

2. 削除されたファイルは、ファイル名がグレーになって表示されます。

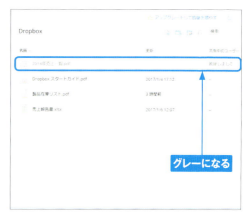

グレーになる

削除したファイルや文書を復元する

① P.64手順②の画面で、削除したファイルをクリックして選択し、＜復元＞をクリックします。

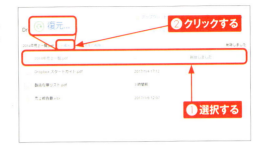

② ＜復元＞をクリックします。

③ 削除したファイルが復元されます。

Memo 復元できる期限は？

削除したフォルダやファイルは、削除してから30日間以内であれば、Web版のDropboxから復元することができます。30日以上経過してしまうと、復元ができなくなってしまうので注意しましょう。なお、プランによって復元期限が異なります。

項目	復元期限
Basic	30日間
Pro	30日間
Business	無制限

ファイルの更新履歴を確認する

1. P.44手順①を参考に「Dropbox」フォルダを開き、更新履歴を確認したいファイルを右クリックします。

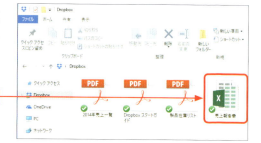

右クリックする

2. <バージョン履歴>をクリックします。

クリックする

3. Web版Dropboxが開き、ファイルの更新履歴が表示されます。

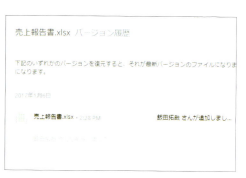

更新履歴からファイルを復元する

1. P.66手順③の画面で、復元したいファイルにカーソルを合わせ、＜復元＞をクリックします。

2. ＜復元＞をクリックします。

3. ファイルが復元されます。

Memo バージョン履歴とは

バージョン履歴とは、ユーザーが操作した内容自体の情報を保存しておく機能です。Dropboxで操作された内容は、すべてバージョン履歴として保存されているので、変更してしまった内容を復元したり、過去のバージョンを内容を参照したりと、さまざまに活用できます。ただし、オフライン状態（Sec.19参照）で操作された内容は、バージョン履歴に保存されません。

Section 22

第2章 >> Dropbox を使ってみよう

ファイルを検索しよう

Dropboxでは、検索機能を使って、Dropbox内に保存されているフォルダやファイルを検索することができます。ファイル名だけでなく、ファイルの拡張子からも検索が可能です。スマートフォンやタブレットでも、同じ機能が使えます。

ファイルを検索する

1. Web版Dropboxを開き、検索欄をクリックします。

クリックする

2. 検索欄に検索したいファイルのファイル名または、ファイルの拡張子を入力し、🔍をクリックします。

❶ 入力する　❷ クリックする

3. 検索結果が表示されます。ファイル名の部分をクリックします。

クリックする

④ ファイルの内容が表示されます。画面左上の×をクリックすると、手順③の検索結果画面に戻ります。

クリックする

⑤ P.68手順③の画面で、ファイル名の下の＜場所＞をクリックします。

クリックする

⑥ そのファイルが保存されているフォルダ内が表示されます。

Memo エクスプローラーからファイルを検索する

エクスプローラーからも、ファイルの検索を行うことができます。エクスプローラーでDropboxフォルダを表示して、画面右上に表示されている検索欄に、検索したいファイルのファイル名を入力します。

iPhoneでファイルを検索する

1 iPhoneのDropboxアプリを開き、下方向にスワイプします。

2 検索欄が表示されます。

3 検索したいファイルのファイル名を入力すると、検索結果が表示されます。閲覧したいファイルをタップします。

4 ファイルの内容が表示されます。

Androidスマートフォンでファイルを検索する

1. AndroidスマートフォンのDropboxアプリを開き、画面右上の🔍 をタップします。

2. 検索欄に検索したいファイルのファイル名を入力すると、検索結果が表示されます。閲覧したいファイルをタップします。

3. ファイルの内容が表示されます。

Memo 拡張子で検索する

手順②の画面で、検索フィールドに拡張子を入力すると、その形式で保存されているファイルが表示されます。iPhoneの場合も、P.70手順②の画面から同様に拡張子でファイルを検索できます。

Memo パソコンではクラウド上とローカルで同じ容量が必要

Dropboxの「同期」は、クラウド上に保存されているファイルがローカルにも存在することになるため、クラウド上と同じ容量がローカルにも必要です（iPhoneやAndroidスマートフォンでは不要）。同期をやめると、クラウド上には保存されますが、ローカルには残りません。Windowsの場合は、以下の操作で、Dropboxの基本設定から、同期したいフォルダを選ぶこともできます。

(1) デスクトップ画面右下のタスクトレイで、■をクリックします。ウィンドウ右上に表示される❖をクリックし、＜基本設定＞をクリックします。

(2) ＜アカウント＞をクリックし、＜選択型同期＞をクリックします。

(3) 同期したいフォルダのチェックボックスをクリックしてチェックを付け、＜更新＞をクリックします。

第3章

共有機能を利用しよう

Section 23	ファイルを共有する準備をしよう
Section 24	ほかの人とファイルを共有しよう
Section 25	共有されたファイルを確認しよう
Section 26	共有フォルダを作成しよう
Section 27	既存のファイルやフォルダを共有しよう
Section 28	共有するユーザーを追加しよう
Section 29	共有ファイルの作業状況を確認しよう
Section 30	リンクを削除しよう
Section 31	チームを作成しよう
Section 32	チームを管理しよう
Section 33	スマホやタブレットでファイルを共有しよう

Section 23

第3章 >> 共有機能を利用しよう

ファイルを共有する準備をしよう

Dropboxでファイルを共有するには、まずはメールアドレスを確認する必要があります。初回ファイル共有時に、Dropboxに登録したメールアドレスに確認メールが届くので、メールを開いて確認を完了させましょう。

メールアドレスを確認する

1. Web版Dropboxを開き、共有したいファイルのファイル名以外の箇所をクリックして選択し、<共有>をクリックします。

❶クリックする
❷クリックする

2. 初回利用時は「メールアドレスを確認」画面が表示されるので<メールを送信>をクリックします。

クリックする

3. <完了>をクリックします。

クリックする

届いたメールを確認する

(1) 利用中のメールアプリを起動して、届いたメールを表示し、＜メールアドレスを確認する＞をクリックします。

クリックする

(2) Web版のDropboxに戻ると、「メールアドレスを確認しました」と表示されるので、＜完了＞をクリックして、共有の準備を完了させます。

クリックする

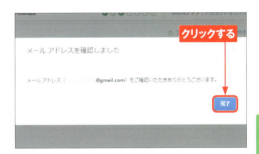

Memo MacのSafariの場合

一部のブラウザでは、Web版のDropboxのすべて、または一部が正しく読み込まれない場合があります。その場合は以下の方法を試してみてください。

・別のブラウザでログインする
・ブラウザのキャッシュを削除する
・ブラウザの設定（とくにセキュリティ設定）をデフォルトに戻す
・ブラウザのプラグインをすべて無効にする

Section **24**

第3章 >> 共有機能を利用しよう

ほかの人と
ファイルを共有しよう

Sec.23を参考に、ファイルを共有する準備が完了したら、ほかのユーザーとファイルを共有しましょう。ファイルの共有方法には2種類あり、それぞれ編集権限やDropboxアカウントの必要有無が異なります。

ファイルを共有するには

ファイルやフォルダを共有するには、リンクを取得して知らせる方法と、「共有」から直接メールを送る方法の2つがあります。リンクを知らせる場合、相手ユーザーがDropboxアカウントを持っていなくても共有して閲覧、コメント、コピーをダウンロードすることができます。「共有」から直接メールを送る場合は、相手もDropboxアカウントを持っている必要があります。ファイルやフォルダを相手と一緒に編集したい場合は、共有フォルダを作成し、「共有」から直接メールを送る必要があります。

友人にファイルの
リンクを知らせる

同じファイルを閲覧でき、
ダウンロードやコメントができる！

自分

友人（Dropbox アカウントなし）

「共有」から直接メールを送る

同じファイルを閲覧でき、編集、
ダウンロード、コメントができる！

友人に「共有」から
直接メールを送る

自分

友人（Dropbox アカウントあり）

ファイルを共有する

1. Web版Dropboxを開き、共有したいファイルのファイル名以外の箇所をクリックして選択し、<共有>をクリックします。

2. 宛先にメールアドレスまたは名前を入力し、メッセージを入力したら、<共有>をクリックします。

Memo 共有のためのメールを送信した相手の操作

手順②で<共有>をクリックすると、手順②で入力したメールアドレス宛にメールが送信されます。メールを受信した相手は、メールに記載されている<ファイルを開く>をクリックすると、ファイルを閲覧できます。詳しくはSec.25を参照してください。

フォルダを共有する

① Web版Dropboxを開き、共有したいフォルダのフォルダ名以外の箇所をクリックして選択し、<共有>をクリックします。

② 宛先にメールアドレスまたは名前を入力し、メッセージを入力します。

③ <編集可能>をクリックします。<編集可能>と<閲覧可能>のどちらか一方をクリックして選択します。<フォルダ設定>をクリックします。

④ <所有者のみ>と<編集権限を持つメンバー>のどちらか一方をクリックして選択し、<保存>をクリックします。

⑤ <共有>をクリックします。

第3章 共有機能を利用しよう

リンクを作成する

① P.77手順①を参考に、リンクを作成したいファイルの＜共有＞をクリックし、＜リンクを作成＞をクリックします。

② ＜リンクをコピー＞をクリックします。

③ メールの作成画面を表示し、手順②でコピーしたリンクを貼り付けて、共有したい相手に送信します。

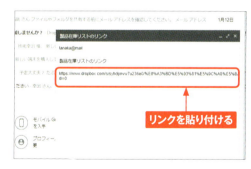

Memo リンクの設定

Dropbox Proにアップグレードすると、手順②の画面で、＜リンクの設定＞をクリックして表示される画面で、「リンクを閲覧できるユーザー」やリンクの有効期限などを設定できるようになります。

Section 25

第3章 >> 共有機能を利用しよう

共有されたファイルを確認しよう

ファイルが共有されたら、受信したメールを開き、そのファイルを確認しましょう。ここではP.77の方法で送信されたメールを受信した人のファイルの閲覧、ダウンロード方法を解説します。

ファイルを閲覧する

① P.77の方法で共有されたファイルの通知メールを開いて、＜ファイルを開く＞をクリックします。

クリックする

② ログイン画面が表示された場合は、IDとパスワードを入力して＜ログイン＞をクリックします。Dropboxアカウントを持っていない場合は、＜アカウントを作成＞をクリックしてアカウントを作成します。

❶入力する
❷クリックする

③ 共有されたファイルが表示されます。

共有されたファイルを保存する

(1) Web版Dropboxを開き、<共有>をクリックします。

クリックする

(2) <ファイル>をクリックし、保存したいファイルをクリックします。

❶クリックする
❷クリックする

(3) ファイルの内容が表示されます。画面右上の「ダウンロード」横に表示される・をクリックし、<Dropboxに保存する>をクリックします。

❷クリックする
❶クリックする

(4) <Dropboxに保存する>をクリックします。

クリックする

Memo ファイルを直接ダウンロードする

手順③の画面で、<直接ダウンロード>をクリックすると、パソコンに直接データをダウンロードすることができます。

Section **26**

第3章 >> 共有機能を利用しよう

共有フォルダを作成しよう

ほかの人と頻繁にファイルをやり取りする場合は、共有フォルダを用意しておくと便利です。共有フォルダにファイルを保存しておけば、ほかの人と共同で作業を行うことができます。

共有フォルダを作成する

(1) Web版Dropboxを開き、<共有>をクリックします。

(2) <フォルダ>をクリックして、<新しい共有フォルダ>をクリックします。

(3) ここでは、<新規フォルダを作成し共有する>をクリックして選択し、<次へ>をクリックします。

④ フォルダ名を入力し、共有する相手のメールアドレスとメッセージを入力し、＜共有＞をクリックします。

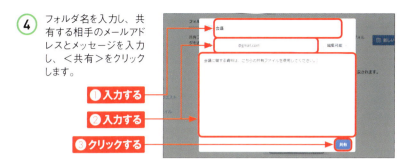

❶ 入力する
❷ 入力する
❸ クリックする

⑤ パソコンとの同期が完了すると、通知が表示されます。

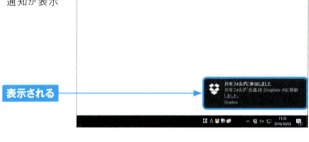

表示される

⑥ パソコン版Dropboxには、共有フォルダが作成されます。フォルダの共有相手には、共有通知メールが送られます。

作成される

Memo 共有フォルダ利用時の注意点

共有フォルダを利用する際は、ファイルの容量に注意する必要があります。共有フォルダでは、共有元だけではなく、フォルダを共有しているすべてのメンバーのそれぞれのファイルの容量が消費されます。ファイルをアップロードするときは、相手の空き容量がどのくらいなのかを確かめましょう。また、共有フォルダ内にあるファイルは、メンバーの誰かが削除すると、メンバー全員のフォルダから削除されるので、その点も注意が必要です。

Section 27

第3章 >> 共有機能を利用しよう

既存のファイルやフォルダを共有しよう

すでにDropboxにファイルやフォルダを保存している場合は、Web版Dropboxを開かなくても、Windowsのエクスプローラーからファイルやフォルダを共有することができます。

◎ 既存のフォルダを共有する

1. Windowsのエクスプローラーで、<Dropbox>をクリックして、共有したいフォルダを右クリックします。

   ❶クリックする
   ❷右クリックする

2. <共有>をクリックします。

   クリックする

3. 共有する相手のメールアドレスとメッセージを入力し、<招待>をクリックします。

   ❶入力する
   ❷クリックする

84

共有フォルダへの招待を承認する

(1) P.84手順③で招待した相手にはメールが届きます。ここではメールを受信した人の操作を解説します。最初に、メール内に表示される<フォルダにアクセスする>をクリックします。

クリックする

(2) Web版Dropboxが開きます。<Dropboxに追加>をクリックします。

クリックする

(3) メンバーが追加され、共有フォルダが利用可能になります。

メンバーが追加される

Memo フォルダを共有するには

フォルダを共有するためには、Dropboxのアカウントが必要になります。共有フォルダ内のファイルはメンバー間で同期されるためです。Dropboxのアカウントを持っていない場合は、アカウントを作成しましょう。

Section 28

第3章 >> 共有機能を利用しよう

共有するユーザーを追加しよう

フォルダを共有するユーザーは、自由に追加することができます。共有フォルダの設定は、Web版Dropboxからのみ設定が可能です。共有中のユーザーを削除することもできます。

共有フォルダにユーザーを追加する

1 Web版Dropboxを開き、<共有>をクリックします。

クリックする

2 <フォルダ>をクリックし、共有したいフォルダの<共有>をクリックします。

① **クリックする**
② **クリックする**

3 共有する相手のメールアドレスまたは名前と、メッセージを入力し、<共有>をクリックします。

① **入力する**
② **クリックする**

共有しているユーザーを削除する

(1) P.86手順①を参考に共有フォルダ画面を表示し、共有から外したいユーザーがいるフォルダの<共有>をクリックします。

クリックする

(2) 削除したいメンバーの右側に表示される をクリックし、<削除>をクリックします。

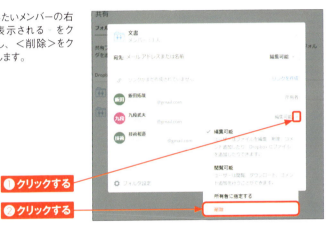

❶ **クリックする**

❷ **クリックする**

(3) <削除>をクリックします。

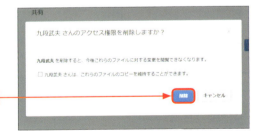

クリックする

(4) 手順②の画面に戻るので、画面右上の をクリックして終了します。

クリックする

Section 29

第3章 >> 共有機能を利用しよう

共有ファイルの作業状況を確認しよう

ファイルやフォルダを複数のユーザーと共有していると、誰がいつどのような作業を行ったのかを確認したい場合があります。そのような場合は、Web版Dropboxから、イベントを参照してみましょう。

イベントを表示して作業状況を確認する

(1) Web版Dropboxを開き、<イベント>をクリックします。

クリックする

(2) 作業状況が表示されます。🗓をクリックします。

クリックする

(3) カレンダーの任意の日付をクリックすると、選択した日の作業内容を確認できます。

クリックする

共有フォルダの作業状況を確認する

① P.88手順①を参考にイベント画面を開き、 をクリックします。

② 作業状況を確認したいフォルダをクリックします。

③ 共有しているフォルダの作業状況だけが表示されます。

Memo 削除したファイルをイベントから復元する

誤って削除してしまったファイルをもとに戻したい場合は、「イベント」画面からファイルの復元を行うことができます。復元したいファイルにカーソルを合わせ、＜復元＞をクリックし、次の画面で＜削除の取り消し＞をクリックします。

Section 30

第3章 >> 共有機能を利用しよう

リンクを削除しよう

P.79で共有したファイルへのリンクは削除することができます。共有したリンク先のファイルを閲覧されたくなくなった場合や、Dropboxの容量を節約したい場合にこの操作を実行しましょう。

ファイルのリンクを削除する

(1) Web版Dropboxを開き、<リンク>をクリックします。

(2) リンクを削除したいファイルの をクリックします。

(3) <リンクの設定>をクリックします。

④ <リンクを削除>をクリックします。

クリックする

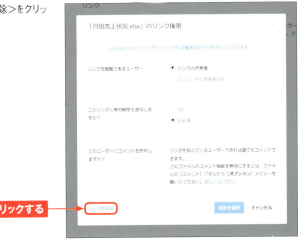

⑤ <リンクを削除>をクリックします。

クリックする

⑥ リンクが削除されます。

Memo 共有とリンクの違い

「リンク」はDropboxアカウントを持っていないユーザーにも、ファイルを閲覧させることが可能です。リンクの場合、リンクのURLさえ知っていれば、どのようなユーザーでもそのファイルを閲覧できてしまいます。一方「共有」であれば、指定したDropboxアカウントを持つユーザー以外に、共有したファイルを見られることはありません。

Section 31

第3章 >> 共有機能を利用しよう

チームを作成しよう

チーム用のチームフォルダにコンテンツを保存すると、自動的にグループメンバー全員と共有することができます。また、チームフォルダ内のファイルやフォルダを、チーム外のユーザーに個別に共有することもできます。

無料でチームを作成する

(1) Web版Dropboxを開き、<チーム>をクリックします。

(2) <無料チームを作成>をクリックします。

③ チーム名を入力します。チーム用Dropboxのタイプをクリックして選択します。ここでは＜現在使用しているDropboxをチーム用Dropboxにする＞を選択しています。＜チーム用Dropboxを作成＞をクリックします。

④ 最初のチームメンバーを招待します。招待したいメンバーのメールアドレスを入力し、メッセージを入力して、＜続行＞をクリックします。

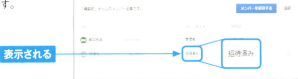

⑤ チームに招待した相手が表示されます。ステータスは「招待済み」と表示されます。

⑥ 招待された相手がメールを確認し、チームに参加すると、ステータスが「メンバー」に変わります。

第3章 共有機能を利用しよう

(7) 画面左上の💚をクリックし、<次へ>をクリックします。

❶ クリックする
❷ クリックする

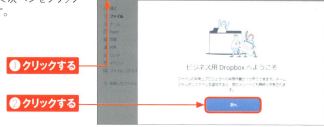

(8) <ファイルを選択>をクリックします。

クリックする

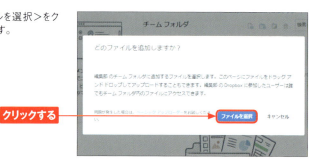

(9) 共有したいファイルをクリックして選択し、<開く>をクリックします。

❶ クリックする
❷ クリックする

(10) <完了>をクリックするとチームフォルダに、選択したファイルを共有できます。

クリックする

Memo チームに招待された側の操作

チームへ招待されたユーザーは、受信したメールを開き、参加を承認する必要があります。チームに参加する際には、＜このアカウントで○○に参加する＞または＜現在のアカウントを個人用で維持する＞の2つの参加方法から1つを選択する必要があります。チームを作成したユーザー（管理者）は、任意にチームをDropbox Businessにアップグレードしたり、メンバーにアクセス権や管理権限を付与、剥奪することができます。そのため、現在のアカウントを、今まで通り利用したい場合は、下記手順②の画面で、＜現在のアカウントを個人用で維持する＞をクリックし、チーム用の新たなアカウントを作成します。

① P.93手順⑤のあと、招待メールを受けた相手の操作を解説します。受信したメールを開き、＜チームに参加する＞をクリックします。

② ＜このアカウントで○○に参加する＞または＜現在のアカウントを個人用で維持する＞をクリックして選択し、＜確認＞をクリックします。

Section 32

第3章 >> 共有機能を利用しよう

チームを管理しよう

チームを作成すると、作成した人がチームの管理者になり、チーム名の変更や、メンバーの追加や削除など、チームに関する操作を行うことができます。また、チームを削除することもできます。

メンバーを無料チームから削除する

(1) P.92手順①を参考にチーム画面を開き、削除したいメンバーの ⚙ をクリックします。

クリックする

(2) ＜チームメンバーを削除＞をクリックします。

クリックする

(3) ＜削除＞をクリックすると、チームから削除されます。

クリックする

チームを削除する

① P.92手順①を参考にチーム画面を開き、<設定>をクリックします。

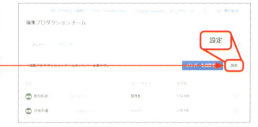

② <チームを削除する>をクリックします。

③ <削除>をクリックします。

Memo 管理者がチームを退会する

チームの管理者は、チーム名の変更やメンバーの追加／削除など、チーム内の設定を行うことができます。管理者がチームを退会したい場合は、下記の手順でチーム内のメンバーに管理者権限を付与することで、チームを退会できます。

Section 33

第3章 >> 共有機能を利用しよう

スマホやタブレットでファイルを共有しよう

Dropboxアプリを利用して、スマートフォンやタブレットからでもかんたんにファイルを共有することができます。ここでは、iPhoneとAndroidスマートフォンを使ってファイルを共有する手順を解説します。

iPhoneでファイルを共有する

① Dropboxアプリを開きます。共有したいファイルが保存されているフォルダをタップします。

② 共有したいファイルの をタップします。

③ <共有>をタップします。

④ 共有したい相手のメールアドレスとメッセージを入力し、画面右上の<送信>をタップします。

Androidスマートフォンでファイルを共有する

(1) Dropboxアプリを開き、共有したいファイルが保存されているフォルダをタップします。

(2) 共有したいファイルの をタップします。

(3) ＜共有＞をタップします。

(4) 「連絡先と共有」画面が表示されたら、＜連絡先を検索して同期＞または＜後にする＞をタップします。

(5) 共有したい相手のメールアドレスとメッセージを入力し、画面右上の▶をタップします。

Memo Dropbox Paperを利用する

Dropboxには、ブラウザ上で共同でドキュメントを作成できる「Dropbox Paper」という機能が搭載されています。複数人で同時に1つのドキュメントを作成、編集できるので、会議中にアイデアを共有したり、議事録を作成するのに便利です。Dropbox Paperは、Web版Dropboxを開き、<Paper>をクリックすると利用できます。2017年1月現在、日本語版はリリースされていませんが、日本語の入力は問題なく可能で、使い方もかんたんなので、活用してみてもよいでしょう。

① Web版Dropboxを開き、<Paper>をクリックし、<Open Dropbox Paper>をクリックします。

② 作成したいドキュメントの種類をクリックして選択します。

③ <Share>をクリックし、ドキュメントを共有したい相手のメールアドレスを入力して、<Send>をクリックします。

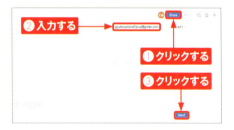

④ 相手が共有を承認すると、共有したドキュメントをお互いに閲覧、編集できるようになります。

第4章

画像を管理しよう

Section 34	デジカメの写真を保存しよう
Section 35	写真を公開しよう
Section 36	タイムラインを確認しよう
Section 37	アルバムを作成しよう
Section 38	アルバムを閲覧しよう
Section 39	アルバムを編集しよう
Section 40	作成したアルバムを公開しよう
Section 41	アルバムの写真をFacebookで共有しよう
Section 42	スマホやタブレットの写真をDropboxに保存しよう
Section 43	スマホやタブレットの写真をDropboxに自動保存するには
Section 44	デバイスをDropboxにリンクさせよう
Section 45	スマホやタブレットの写真をDropboxに自動保存しよう

Section 34

第4章 >> 画像を管理しよう

デジカメの写真を保存しよう

Dropboxでは、デジカメで撮影した写真をDropbox内に保存することができます。写真は手動のほかに、自動で保存することもできます。ここでは、カメラの写真データをDropboxに保存する方法を解説します。

デジカメの写真を保存する

(1) デジタルカメラをUSBケーブルなどでパソコンにつなぎます。

(2) デスクトップ画面右下に表示される通知をクリックします。

クリックする

(3) 「Dropbox」の<写真と動画をインポート>をクリックします。

クリックする

④ <インポートを開始>を
クリックします。

クリックする

⑤ デスクトップ画面右下に、「写真を検索中」という通知が表示されます。

⑥ 「インポート完了」の通知が表示され、「カメラアップロード」フォルダに自動で保存されます。<Dropbox>をクリックし、<カメラアップロード>フォルダをダブルクリックすると、インポートした写真を確認できます。なお、「カメラアップロード」フォルダは、自動で作成されるフォルダです。

クリックする

Memo 手動で保存する

デジカメの写真を手動で保存したい場合は、Sec.14を参考にして、「Dropbox」フォルダにドラッグ&ドロップすることでも保存ができます。

Section 35

第4章 >> 画像を管理しよう

写真を公開しよう

Dropboxフォルダに保存されている写真は、Dropboxを利用していない人にも公開することができます。また、URLをWebページに貼り付けて公開することもできます。

フォトギャラリーを公開する

1. エクスプローラーを起動し、＜Dropbox＞をクリックして、「Dropbox」フォルダを表示します。画面左上の■をクリックします。

❶クリックする ❷クリックする

2. フォルダ名を入力します。

入力する

3. 公開したい写真を、手順②で作成したフォルダにドラッグ＆ドロップします。

ドラッグ&ドロップする

④ フォルダを右クリックし、<Dropboxリンクをコピー>をクリックします。

⑤ 手順④でコピーしたリンクをメールに貼り付け、公開したい相手に送信します。

Memo 共有相手の操作方法

共有した相手には、リンク付きのメールが届きます。メール内のリンクをクリックすると、公開した写真をWebブラウザで閲覧することができます。

Section 36

第4章 >> 画像を管理しよう

タイムラインを確認しよう

Dropboxの写真ページに表示されているタイムラインでは、撮影した写真や動画が、撮影した日付ごとに表示されています。いつ撮影した写真なのかを、かんたんに確認することができます。

タイムラインを確認する

① Web版Dropboxを開き、<写真>をクリックします。

② タイムラインが表示されます。任意の写真をクリックします。

③ 手順②でクリックした写真が拡大されます。<をクリックすると前の写真へ戻り、>をクリックすると次の写真へ進みます。画面右上の×をクリックすると、手順②の画面に戻ります。

④ P.106手順③の画面で、画面右上の をクリックすると、写真に関わる操作を行うことができます。

クリックする

⑤ 手順④の画面で、＜共有＞をクリックし、宛先とメッセージを入力して＜送信＞をクリックすると、写真を共有することができます。

❶入力する

❷クリックする

⑥ 複数の写真を選択したい場合は、写真にカーソル合わせ、写真右上に表示される をクリックしてチェックを付けます。

クリックする

Memo 写真が写真ページに表示されない場合は？

Dropboxでは、各写真に関連するメタデータ（日付など）の情報を使用して写真を整理しています。写真の日付が不明または不完全な場合は、画面を上方向にスクロールし、「日付が不明です」を確認しましょう。また、15KB以下またはPNG形式の画像は、Dropbox内に保存することは可能ですが、写真ページには表示されないので注意しましょう。

Section 37 第4章 画像を管理しよう

アルバムを作成しよう

Dropboxにはアルバム機能があります。アルバムを作成することで、Dropbox内に保存されている写真や動画をわかりやすく整理することができます。ジャンルごとにアルバムを作成しておくと便利です。

アルバムを作成する

① Web版Dropboxを開き、＜写真＞をクリックします。

クリックする

② タイムラインが表示されます。

③ P.107手順⑥を参考に、アルバムにしたい写真を複数選択します。画面右上の をクリックし、＜○件をアルバムに追加＞をクリックします。

❶選択する
❷クリックする
❸クリックする

(4) ＜新しいアルバムを作成＞をクリックします。

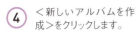
クリックする

(5) アルバム名を入力し、＜作成＞をクリックします。

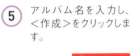
① **入力する**

② **クリックする**

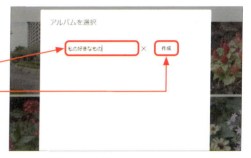

(6) アルバムが作成されます。

作成される

Memo アルバムを編集できる

手順⑥の画面で、画面右上の をクリックすると、アルバムに関する操作を行うことができます。詳しい操作手順については、Sec.39、40を参照してください。

クリックする

Section 38

第4章 >> 画像を管理しよう

アルバムを閲覧しよう

Dropboxのアルバムは、かんたんに閲覧することができます。ここでは、Sec.37で作成したアルバム内の写真を表示する方法を解説します。なお、アルバム内の写真は、かんたんな操作で共有できます。

アルバムを閲覧する

① Web版Dropboxを開き、<写真>をクリックします。

クリックする

② <アルバム>をクリックします。

クリックする

③ 作成したアルバムが表示されます。閲覧したいアルバムをクリックします。

クリックする

④ アルバム内の写真が表示されます。閲覧したい写真をクリックします。

クリックする

⑤ 写真が拡大して表示されます。画面右上のをクリックします。

クリックする

⑥ 閲覧している写真に関する操作を行うことができます。

クリックする

第4章 画像を管理しよう

Memo アルバムの写真を共有する

手順⑤の画面で<共有>をクリックし、宛先とメッセージを入力して<送信>をクリックすると、写真を共有することができます。アルバムを共有する方法については、Sec.40を参照してください。

①入力する
②クリックする

111

Section 39

第4章 >> 画像を管理しよう

アルバムを編集しよう

作成したアルバムは、アルバム名を変更したり、アルバムを削除したりすることができます。自分の好きなように、アルバムを編集してみましょう。なお、アルバムを削除しても元の写真は削除されません。

アルバムの名前を変更する

① P.110手順①〜②を参考に「アルバム」を表示します。アルバム名を変更したいアルバムをクリックします。

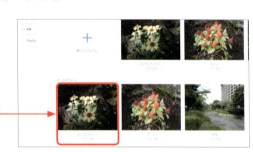

クリックする

② アルバム内の写真が表示されます。画面右上の をクリックし、＜アルバム名を変更＞をクリックします。

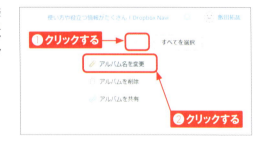

①クリックする
②クリックする

③ アルバム名を編集し、Enter キーを押します。

編集する

第4章 画像を管理しよう

アルバムを削除する

1. P.110手順①〜②を参考に「アルバム」を開き、削除したいアルバムをクリックします。

クリックする

2. アルバム内の写真が表示されます。画面右上の をクリックし、＜アルバムを削除＞をクリックします。

①**クリックする**　②**クリックする**

3. ＜削除＞をクリックします。

クリックする

4. アルバムが削除されます。

Section

40

第4章 >> 画像を管理しよう

作成したアルバムを公開しよう

Dropbox内に作成したアルバムは、友人や同僚などに公開することができます。また、公開用URLを相手に送るだけで、Dropboxを利用していない人もかんたんにアルバムを閲覧できます。

アルバムを公開する

① P.110手順①～②を参考に「アルバム」を表示して、公開したいアルバムをクリックしたら、画面右上の<すべてを選択>をクリックします。

② 写真にチェックが付きます。画面右上の<共有>をクリックします。

③ 共有したい相手のメールアドレスを入力し、メッセージを入力したら、<送信>をクリックします。

公開用URLを確認する

1. P.114手順①の画面で、画面右上の をクリックし、＜アルバムを共有＞をクリックします。

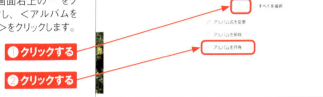

❶ クリックする
❷ クリックする

2. アルバムのリンクが表示され、確認することができます。

表示される

3. ＜完了＞をクリックします。

クリックする

Memo 公開したい相手がDropboxユーザーでなくても閲覧できる

Dropboxを利用していないユーザーでも、次の手順でアルバムを閲覧することができるようになります。手順②の画面で、アルバムのリンクを右クリックし、＜コピー＞をクリックします。コピーしたリンクをメールなどに貼り付け、公開したい相手に送信します。相手がそのメールを受信し、リンクをクリックすると、アルバムを閲覧することができます。

❶ 右クリックする
❷ クリックする

第4章 画像を管理しよう

Section 41

第4章 >> 画像を管理しよう

アルバムの写真を Facebook で共有しよう

作成したアルバム内の写真をFacebookに投稿すると、Dropboxを利用していない人もかんたんにその写真を見ることができます。より多くの人にアルバムの写真を公開したい場合に便利な機能です。また、Twitterでも写真の共有が可能です。

アルバムの写真をFacebookで共有する

(1) P.110手順①～②を参考に「アルバム」を開き、Facebookで共有したいアルバムをクリックます。

クリックする

(2) 共有したい写真にカーソルを合わせ、右上に表示される をクリックして にし、画面右上の をクリックします。

❶クリックする

❷クリックする

(3) Facebookのログイン画面が表示されます。Facebookで登録しているメールアドレスまたは電話番号とパスワードを入力し、<ログイン>をクリックします。

❶入力する

❷クリックする

④ コメントを入力し、<Facebookに投稿>をクリックします。

①入力する
②クリックする

⑤ Facebookを開くと、手順④で投稿した写真が表示されます。

表示される

Memo Twitterで共有する

Twitterを利用して写真を共有したい場合は、下記の手順で共有することができます。P.116手順②の画面で、🐦をクリックし、コメントを付けたい場合はコメントを入力します。<ツイート>をクリックすると、Twitterに投稿されます。ツイート内の表示をクリックすると、写真を見ることができます。

①入力する　②クリックする

クリックする

Section 42 第4章 >> 画像を管理しよう

スマホやタブレットの写真をDropboxに保存しよう

スマートフォンやタブレットで撮影した写真は、Dropbox内に保存することが可能です。また、アプリを使用して、端末に保存されている写真を、Dropbox内にバックアップすることができます。ここでは、iPhoneを使用した手順を解説します。

iPhoneで撮影した写真を保存する

1. ホーム画面で＜写真＞をタップし、撮影した写真を表示します。画面左下のアイコンをタップします。

2. 画面下部を左右方向にスワイプし、＜その他＞をタップします。

3. 「Dropboxに保存」のアイコンをタップしてオンにし、＜完了＞をタップします。

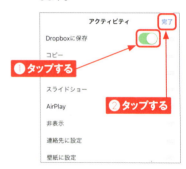

4. ＜Dropboxに保存＞をタップします。

⑤ <フォルダを選択してください>をタップします。任意のフォルダをタップして保存先を選び、<選択する>をタップします。

⑥ ファイル名を編集し、<保存>をタップします。

Memo 撮影した写真をバックアップする

撮影した写真をバックアップしたいときは、無料アプリの「Picbox – Upload your Camera Roll to DropBox」を利用してみましょう（iPhone、iPadのみ対応）。「Picbox」アプリは、カメラロール内に保存されているすべての写真を一括でDropboxへアップロードしてくれるアプリです。アップロードする写真を選択することはできませんが、2回目以降は、すでに保存されている写真はアップロードされず、前回のアップロード以降に保存された写真のみをアップロードしてくれるので便利です。なお、カメラロール内にたくさんの写真が入っている場合は、アップロードに時間がかかる場合があるので、Wi-Fi接続時の利用をおすすめします。

Section 43 第4章 >> 画像を管理しよう

スマホやタブレットの写真をDropboxに自動保存するには

「カメラアップロード」機能を利用すると、スマホやタブレットで撮影した写真や動画を自動的にDropboxに追加することができます。どこからでもフォルダにアクセスし、写真を閲覧することができます。

カメラアップロードとは

カメラアップロードとは、iPhoneやAndroidスマートフォン、タブレットで撮影した写真や動画を、Dropbox内に自動でアップロードしてくれる機能です。この機能を有効にしておけば、万が一端末が壊れたり、機種変更をしたりした場合でも、Dropbox内の「カメラアップロード」フォルダに写真や動画が保存されているので安心です。また、写真や動画は端末本体の容量を圧迫しがちですが、カメラアップロード機能を利用すれば、端末から写真や動画を消去しても、Dropbox内には残っているので、端末の保存領域を空けることができます。Dropboxのカメラアップロード機能を利用するには、以下の2つの方法があります。

■ iPhoneやAndroidスマートフォン、タブレット専用のDropboxアプリを使用して、スマートフォンまたはタブレットからワイヤレスで写真や動画をアップロードする

■ カメラ、スマートフォン、タブレットをご利用のパソコンとリンクし、Windows や Mac用のDropboxデスクトップ アプリを使用する

本書では、iPhoneやAndroidスマートフォン、タブレット専用のDropboxアプリを使用して、スマートフォンまたはタブレットからワイヤレスで写真や動画をアップロードする方法で、カメラアップロードの手順を解説します（Sec.45参照）。

カメラアップロード機能を有効にする。 → Dropboxに自動でアップロード。 → どの端末からでも閲覧が可能になる。

カメラアップロード機能を利用するには

便利な機能として知られる「カメラアップロード」は、2016年7月22日に、Dropbox Basicアカウントユーザーを対象に、カメラアップロード機能の仕様が変更になりました。「カメラアップロード」を利用するためには、以下の条件を満たす必要があります。

「カメラアップロード」を利用するための条件
Wi-Fiが利用できる環境であること。
Dropboxの無料アカウントを利用している場合は、パソコンをDropbox（個人用）アカウントにリンクしていること。
パソコンをDropboxアカウントにリンクしていない場合は、個人用アカウントをDropbox Proにアップグレードしていること。

Memo チームを利用している場合

パソコンとリンクをしていても、利用しているDropboxをチーム用Dropboxとして設定している場合は、下記の手順で、個人用Dropboxとリンクする必要があります。Dropboxで使用している別のアカウントでログインするか、新規にアカウントを作成する方法があります。

Section 44

第4章 >> 画像を管理しよう

デバイスを Dropbox に リンクさせよう

パソコンやスマートフォン、タブレットなどをDropboxにリンクさせると、同一のアカウントを、それぞれのデバイスで利用することができます。なお、すでにリンクしている場合は、Sec.45に進みましょう。

リンクとは

リンクとは、「連結する」という意味で、ここではパソコンやスマートフォン、タブレットなどのデバイスと、Dropboxのアカウントが接続された状態のことを意味しています。Dropboxのアカウントとデバイスをリンクさせることで、相互利用が可能となり、ファイルやフォルダが常に同じ状態で保存されます。

Dropboxアカウントとデバイスをリンクするには、リンクしたいデバイスからDropboxアプリにログインする必要があります。また、パソコン版Dropboxをインストールしていない場合には、モバイルデバイスからデスクトップアプリケーションをインストールし、リンクさせる方法もあります（P.123参照）。なお、Dropboxアカウントにリンクしているデバイスを解除すると、リンクしているデバイスとDropboxの相互利用ができなくなり、同期機能が停止します。なお、ファイルやフォルダ自体はDropboxフォルダ内に残っています。リンクの解除や解除したデバイスを再リンクする方法は、Sec.55で解説しています。

同じ状態で保持される

パソコンとDropboxをリンクさせる。

スマートフォンやタブレットとDropboxをリンクさせる。

Dropbox

モバイルデバイスでパソコンをリンクする

(1) ここでは、iPhoneを例として、解説します。最初に、Dropboxアプリを開き、画面左下の＜最近＞をタップします。

(2) 画面左上の◎をタップします。

(3) ＜パソコンをリンクする＞をタップします。

(4) ＜続行＞をタップします。

(5) パソコンで「www.dropbox.com/connect」にアクセスします。＜次へ＞をタップします。

(6) 下の画面が表示された場合は、＜OK＞をタップします。

(7) 手順(5)でパソコンに表示されたバーコードをiPhoneで読み取ります。バーコードを読み取ると、パソコンがDropboxのインストールを開始します。

(8) ＜完了＞をタップします。

Section 45 第4章 >> 画像を管理しよう

スマホやタブレットの写真をDropboxに自動保存しよう

Dropboxのカメラアップロード機能を使用すると、スマートフォンやタブレットで撮影した写真や動画を自動でDropboxに保存してくれます。ここでは、iPhoneとAndroidスマートフォンを使用した手順を解説します。

カメラアップロード機能で写真を自動保存する（iPhone）

① Dropboxアプリを開き、画面下部の＜写真＞をタップします。

② ＜カメラアップロードをオンにする＞をタップします。

③ アクセス画面が表示されたら、＜OK＞をタップします。

④ 写真が自動でDropboxにアップロードされます。

Memo 「カメラアップロード」フォルダ

「カメラアップロード」フォルダは、「カメラアップロード」をオンにすると自動で作成されるフォルダです。iPhoneやAndroidスマートフォン、タブレットからアップロードした写真を閲覧したいときは、Dropboxの「カメラアップロード」フォルダを確認しましょう。

⑤ アップロードが完了すると、「すべて完了しました」と表示されます。

⑥ 手順⑤の画面で、画面下部の＜ファイル＞→＜カメラアップロード＞の順にタップすると、アップロードした写真を確認することができます。

Memo 写真を手動で保存したいときは

P.124の手順で「カメラアップロード」機能をオンにすると、スマートフォン本体で撮影した写真や動画が自動的にアップロードされるしくみになっています。お気に入りの写真など、特定の写真だけをDropboxに保存しておきたいときは、以下の方法で写真を保存することができます。P.124手順②の画面で、＜写真を選択＞をタップし、アップロードしたい写真をタップして選択したら、画面右上の＜次へ＞をタップします。アップロード先を設定し、＜アップロード＞をタップすると、選択した写真がDropboxにアップロードされます。

第4章 画像を管理しよう

カメラアップロード機能で写真を自動保存する（Android）

(1) Dropboxアプリを開き、画面左上の≡をタップします。

(2) ✿をタップします。

(3) ＜カメラアップロードをオンにする＞をタップします。

(4) 「ファイルを選択」、「アップロード方法」、「次の場合にアップロード」をそれぞれタップし、カメラアップロードがオンになる条件を設定します。設定した条件に合うと、写真が自動でアップロードされます。

Memo カメラアップロードをオフにする

カメラアップロードをオンにすると、「カメラアップロード」内の表示が変わります。カメラアップロードをオフにしたい場合は、＜カメラアップロードをオフにする＞をタップしましょう。

第5章

Dropboxの設定を変更しよう

Section 46	容量を確認しよう
Section 47	無料で容量を増やそう
Section 48	同期の設定を変更しよう
Section 49	ファイルの保存先を変更しよう
Section 50	通知の設定を変更しよう
Section 51	プロフィール写真を設定しよう
Section 52	パスワードを変更しよう
Section 53	メールアドレスを変更しよう
Section 54	2段階認証でセキュリティを強化しよう
Section 55	デバイスのリンクを解除しよう

第5章 >> Dropbox の設定を変更しよう

Section
46

容量を確認しよう

Dropboxで使用しているデータ容量は、かんたんな手順で確認することができます。使用している容量をしっかり把握しておきましょう。ここでは、Web版Dropboxで、容量を確認する手順を解説します。

容量を確認する

1. Web版Dropboxを開き、ユーザー名をクリックします。

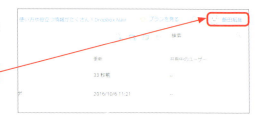

クリックする

2. 使用容量が確認できます。

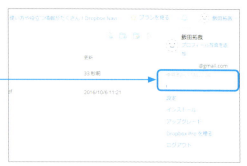

表示される

Memo ストレージ容量制限の上限に達した場合は?

Dropboxのストレージ容量が上限に達すると、ファイルの同期が停止します。使用容量を制限内に戻すと同期が再開します。なお、ファイルの同期が停止しても、ファイルが削除されることはありません。容量が上限に達してしまった場合は、有料プランへアップグレードしたり、Dropboxからファイルを削除したりするなどしましょう。

③ 容量を詳しく確認するには、P.128手順②の画面で、<設定>をクリックします。

クリックする

④ <アカウント>をクリックします。

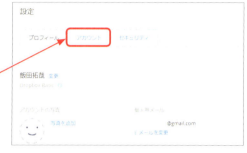

クリックする

⑤ 「通常ファイル」「共有ファイル」「未使用の容量」を確認することができます。

Memo デスクトップ画面から容量を確認する

インターネット環境のない場所で容量の確認をしたい場合は、デスクトップ画面右下のタスクトレイで🗁をクリックします。ウィンドウ右上の ⚙ をクリックすると、容量を確認することができます。

❶ クリックする　❷ クリックする　❸ 表示される

Section 47

第5章 >> Dropboxの設定を変更しよう

無料で容量を増やそう

Dropboxは、アカウント登録時に2GBの容量が無料でもらえます。Dropboxのスタートガイドをすべて完了したり、Dropboxに友人を招待したりすると、使える容量を無料で増やすことができます。

スタートガイドを完了する

1. Web版Dropboxを開きます。ユーザー名→＜設定＞の順にクリックします。

   ❶ クリックする
   ❷ クリックする

2. ＜アカウント＞をクリックします。

   クリックする

3. ＜獲得した容量をすべて表示する＞をクリックします。

   クリックする

④ <チェックリスト>をクリックします。

クリックする

⑤ 「スタート」画面が表示されます。ここでは、<Dropboxツアーを開始する>をクリックします。

クリックする

⑥ 右の画面が表示されます。 をクリックして進みます。

クリックする

⑦ ステップが完了すると、「完了」が表示されます。手順④の画面を再度表示すると、獲得した容量が確認できます。

表示される

第5章 Dropboxの設定を変更しよう

友人を招待する

① P.130手順①～P.131手順④を参考に「スタート」画面を開き、<Dropboxにお友達を招待する>をクリックします。

② 招待したい友人のメールアドレスを入力し、<送信>をクリックします。

③ 送信が完了すると、画面上部に「○人（招待した人数）をDropboxに招待しました!」と表示されます。

④ スタート画面に表示される7つのクエストのうち、5つのクエストを完了すると、容量が250MB増えます。獲得した容量の確認手順は、P.130手順①〜③を参照しましょう。

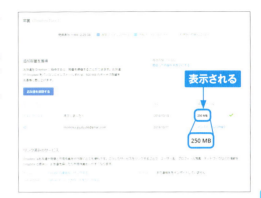

Memo 招待したのに容量が増えない？

友人を招待すると、招待された友人には右画面のようなメールが届きます。友人が、メール内に表示されている<招待状を承諾する>をクリックし、Dropboxにアカウントを登録して、パソコン版Dropboxをインストールした時点で、お互いの容量が増えます。相手のインストールがまだの場合は、手順④の画面で、<インストールの待機中>と表示されます。なお、招待したユーザーと招待された友人が同じパソコンを使用している場合は、容量が増えないので注意しましょう。

Section 48

第5章 >> Dropboxの設定を変更しよう

同期の設定を変更しよう

パソコン版Dropboxのフォルダは、インターネットに接続していれば、Web版DropboxやDropboxをインストールしているすべての端末と同期しています。Dropboxの残り容量が少なくなってきたときは、同期しないフォルダを設定することができます。

同期しないフォルダを設定する

1. デスクトップ画面右下のタスクトレイでをクリックします。

   クリックする

2. ウィンドウ右上の ⚙ をクリックし、<基本設定>をクリックします。

   ❶ クリックする

   ❷ クリックする

3. 「Dropboxの基本設定」画面が表示されます。<アカウント>をクリックします。

   クリックする

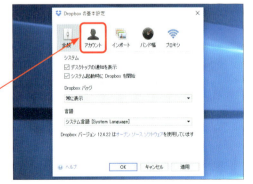

(4) <選択型同期>をクリックします。

クリックする

(5) 同期しないフォルダのチェックボックスをクリックしてチェックを外し、<更新>をクリックします。

❶クリックする

❷クリックする

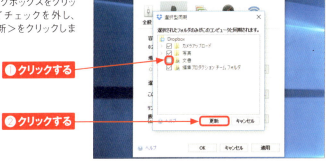

(6) <OK>をクリックします。

クリックする

(7) パソコン版Dropboxを開くと、手順⑤でチェックを外したフォルダが表示されないことが確認できます。なお、同期しているほかの端末からは削除されません。

第5章 Dropboxの設定を変更しよう

Section 49

第 5 章 >> Dropbox の設定を変更しよう

ファイルの保存先を変更しよう

「Dropbox」フォルダは、ハードディスクドライブ上または外付けハードディスクドライブ上の好きな場所に移動することができます。なお、「Dropbox」フォルダを移動する際は、手動ではなく、Dropbox デスクトップアプリを使用して行いましょう。

フォルダの保存先を変更する

1. デスクトップ画面右下のタスクトレイでをクリックします。

   クリックする

2. をクリックし、<基本設定>をクリックします。

   ❶ クリックする

   ❷ クリックする

3. <アカウント>をクリックします。

   クリックする

(4) <移動>をクリックします。

クリックする

(5) Dropboxの新しい保存場所を選択します。ここでは<デスクトップ>をクリックし、<OK>をクリックします。

❶ **クリックする**

❷ **クリックする**

(6) <OK>をクリックします。

クリックする

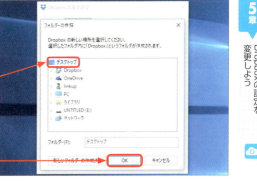

(7) デスクトップ画面に、「Dropbox」フォルダが作成されます。

作成される

Section 50

第5章 >> Dropboxの設定を変更しよう

通知の設定を変更しよう

デスクトップの通知をオンに設定しておくと、Dropbox内にフォルダやファイルをアップロードしたり、削除したりしたときなどに、デスクトップ画面に通知してくれます。ここでは、Windows 10での操作を例として解説します。

通知をオンにする

1. デスクトップ画面左下の ⊞ をクリックします。

2. ⚙ をクリックします。

3. 「Windowsの設定」画面が表示されます。＜システム＞をクリックします。

(4) ＜通知とアクション＞をクリックします。

クリックする

(5) 「通知」の「アプリやその他の送信者からの通知を取得する」が ●になっていることを確認します。●になっている場合は、クリックして●にします。

クリックする

(6) 手順⑤の画面で、画面を下方向にスクロールすると、アプリごとに通知の設定ができます。「Dropbox」が●になっていることを確認します。＜Dropbox＞をクリックします。

クリックする

確認する

(7) Dropboxアプリの詳細な通知設定ができます。

第5章 Dropboxの設定を変更しよう

Section 51

第5章 >> Dropboxの設定を変更しよう

プロフィール写真を設定しよう

Web版Dropboxから、プロフィール写真を設定することができます。設定したプロフィール写真は、友人や共有しているユーザーにも公開されます。自分の好きな写真を、プロフィール写真に設定してみましょう。

プロフィール写真を設定する

(1) Web版Dropboxを開き、ユーザー名をクリックします。

クリックする

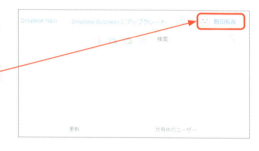

(2) ＜プロフィール写真を追加＞をクリックします。

クリックする

(3) ＜パソコンからアップロード＞または＜Dropboxから選択＞をクリックします。ここでは、＜Dropboxから選択＞をクリックします。

クリックする

(4) 「Dropbox Chooser」画面が新規ウィンドウで開きます。<写真>をクリックします。

クリックする

(5) プロフィールに設定したい写真をクリックし、<選択>をクリックします。

❶ **クリックする**

❷ **クリックする**

(6) <完了>をクリックします。

クリックする

(7) プロフィール写真が変更されます。

変更される

第5章 Dropboxの設定を変更しよう

Section 52

第5章 >> Dropboxの設定を変更しよう

パスワードを変更しよう

Dropboxのパスワードを定期的に変更することで、セキュリティの強化につながります。変更したパスワードは、Dropboxをインストールしている端末に自動的に適用されます。設定したパスワードはメモをとるなどして、忘れないようにしましょう。

パスワードを変更する

1. Web版Dropboxを開き、ユーザー名をクリックします。

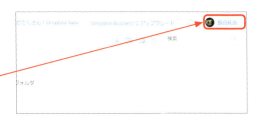

2. ＜設定＞をクリックします。

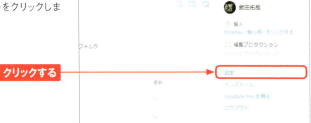

3. ＜セキュリティ＞をクリックします。

(4) <パスワードの変更>をクリックします。

(5) 旧パスワードと新しいパスワードを入力し、<パスワードの変更>をクリックします。

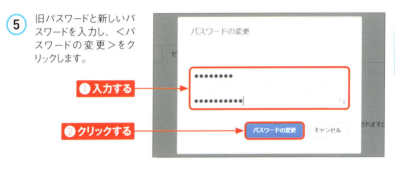

❶ 入力する
❷ クリックする

(6) 画面上部にパスワード変更の通知が表示されます。

表示される

Memo パスワードを忘れてしまったら？

パスワードを忘れてしまった場合は、以下の手順でパスワードをリセットすることができます。手順④の画面で、<パスワードを忘れた場合>をクリックします。Dropboxのアカウント作成時に使用したメールアドレスを入力し、<送信>をクリックします。入力したメールアドレス宛にメールが届くので、メール内のリンクをクリックして設定します。

❶ 入力する
❷ クリックする

Section 53

第5章 >> Dropboxの設定を変更しよう

メールアドレスを変更しよう

Dropboxに関するメールは、アカウント作成時に登録したメールアドレスに届きます。メールアドレスを変更したりした場合は、Web版Dropboxからメールアドレスの変更を行うことができます。

メールアドレスを変更する

1. Web版Dropboxを開き、ユーザー名→<設定>の順にクリックします。

   ❶クリックする
   ❷クリックする

2. <プロフィール>をクリックし、<Eメールを変更>をクリックします。

   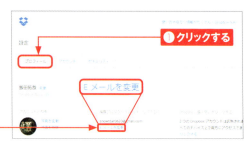

   ❶クリックする
   ❷クリックする

3. 新しいメールアドレスを2回入力し、現在利用しているDropboxのアカウントのパスワードを入力したら、<メールアドレスを更新>をクリックします。

   ❶入力する
   ❷クリックする

(4) P.144手順③で入力したメールアドレス宛にメールが送信されます。<完了>をクリックします。

クリックする

(5) 届いたメールを開き、<メールアドレスを確認する>をクリックします。

クリックする

(6) Dropboxのログイン画面が開きます。現在利用しているDropboxのメールアドレスとパスワードを入力し、<ログイン>をクリックします。

①入力する
②クリックする

(7) ログインすると、右のような画面が表示されます。<完了>をクリックすると、メールアドレスの変更が確定します。何らかの操作を行うと、ログイン画面が表示されるので、新しく設定したメールアドレスとパスワードでログインできます。

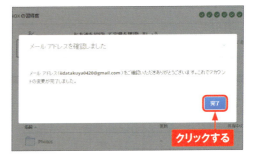

クリックする

第5章 Dropboxの設定を変更しよう

Section 54

第5章 >> Dropbox の設定を変更しよう

2段階認証でセキュリティを強化しよう

Dropboxでは、2段階認証を設定することができます。この機能を有効にすることで、セキュリティの強化につながり、不正ログインやデータの流出を防ぐことができます。大切なデータをしっかりと守りましょう。

2段階認証でセキュリティを強化する

(1) Web版Dropboxを開き、ユーザー名をクリックします。

クリックする

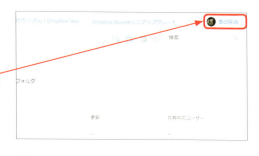

(2) ＜設定＞をクリックします。

クリックする

(3) ＜セキュリティ＞をクリックします。

クリックする

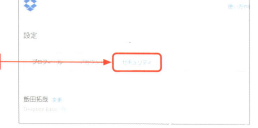

④ <クリックして有効にする>をクリックします。

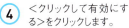

⑤ <スタート>をクリックします。

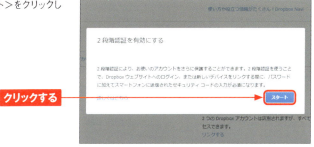

⑥ Dropboxアカウントのパスワードを入力し、<次へ>をクリックします。

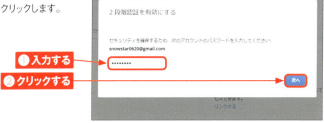

⑦ <テキストメッセージを使用>または<モバイルアプリを使用>をクリックして選択します。ここでは、<テキストメッセージを使用>を選択し、<次へ>をクリックします。

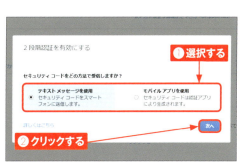

(8) 電話番号を入力し、<次へ>をクリックします。

(9) 手順⑧で入力した電話番号宛に届いたセキュリティコードを入力し、<次へ>をクリックします。

(10) 予備のスマートフォンの電話番号を入力し、<次へ>をクリックします。予備のスマートフォンがない場合は、番号を入力せずに<次へ>をクリックします。

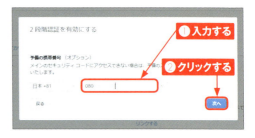

(11) バックアップコードが表示されます。バックアップコードを書き留めて、安全な場所に保管します（P.152参照）。続けて、<2段階認証を有効にする>をクリックします。

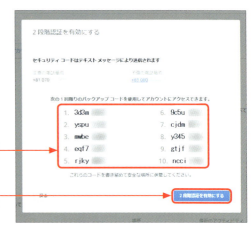

⑫ 2段階認証が有効になります。＜完了＞をクリックします。

クリックする

⑬ 2段階認証を有効にすると、ログイン時にアカウントとパスワードを入力したあと、右のような画面が表示されます。P.148手順⑧で登録した電話番号宛に届くコードを入力し、＜送信＞をクリックします。

❶入力する
❷クリックする

⑭ 無効にしたい場合は、再度、P.146手順①〜③の操作を行い、＜クリックして無効にする＞をクリックします。

クリックする

Memo モバイルアプリを利用する

P.147手順⑦で「モバイルアプリを使用」を選択すると、バーコードが表示されます。「Duo Mobile」など時間制限のある固有のセキュリティコードを生成するモバイルアプリをインストールし、表示されたバーコードを読み取ると、Dropboxアカウントがアプリに自動的に登録されます。Dropboxにログインするときは、アプリを使用して、コードを生成します。

Section 第5章 >> Dropboxの設定を変更しよう

55 デバイスのリンクを解除しよう

Dropboxにリンクしているデバイスを解除すると、解除したデバイスとDropboxでの相互利用ができなくなります。見覚えのないパソコンやデバイスがリンクされている場合は、リンクの解除を行いましょう。

デバイスのリンクを解除する

(1) Web版Dropboxを開き、ユーザー名→<設定>の順にクリックします。

❶クリックする

❷クリックする

(2) <セキュリティ>をクリックします。

クリックする

(3) 画面をスクロールすると、リンクしているデバイスの一覧が表示されます。解除したいデバイスの×をクリックします。ここでは、iPhoneを解除します。

クリックする

④ <リンクを解除>をクリックします。

クリックする

⑤ 画面上部に、リンク解除の通知が表示されます。

表示される

Memo 解除したデバイスを再リンクする

デバイスのリンクを解除すると、解除したデバイスのDropboxは自動的にログアウトされますが、フォルダやファイルなどは保持されています。解除したデバイスを再リンクしたい場合は、下記の手順で、Dropboxに再ログインする必要があります。ここでは、iPhoneを使用した手順の解説をします。

Memo スマートフォンを紛失してしまったら?

2段階認証を有効(Sec.54参照)にすると、ログイン時や新しいデバイスでDropboxを利用する場合に、6桁のセキュリティコードの入力が必要になります。不正アクセスやデータの流出を防ぎ、セキュリティを強化できる2段階認証ですが、セキュリティコードを受信しているスマートフォンを紛失した場合、WebブラウザでDropboxにログインできない場合があります。ここでは、緊急用バックアップコードを用いて、Dropboxにログインする手順を解説します。なお、2段階認証を有効にする前に届く10個のバックアップコードは、バックアップコードを用いてDropboxにログインする際に必要になるものなので、必ずメモをとるなどして、安全な場所に保管しておきましょう。

① Dropboxのログイン画面で、メールアドレスとパスワードを入力し、<ログイン>をクリックしたら、コードを入力する画面が表示されます。<スマートフォンを紛失しました>をクリックします。

② <もしくは、緊急用バックアップコードを入力>をクリックします。

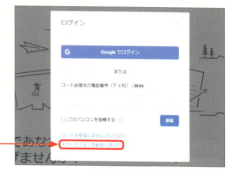

③ 生成された10個のバックアップコードからコードを1つ選び、入力します。<コードを送信>をクリックすると、Dropboxにログインすることができます。

第6章

Dropboxを活用しよう

Section 56	削除したファイルを復元しよう
Section 57	ファイルにコメントを付けよう
Section 58	Dropboxバッジを利用しよう
Section 59	Dropboxのフォルダにファイルをアップロードしてもらおう
Section 60	GmailでDropboxのファイルのリンクを添付しよう
Section 61	Dropbox Automatorでファイルを自動変換しよう
Section 62	同期フォルダ以外を同期しよう
Section 63	ファイルを自動収集して保存しよう
Section 64	WebページをPDFファイルにして保存しよう
Section 65	ファイルを暗号化しよう
Section 66	キャッシュを削除しよう
Section 67	アカウントを削除しよう

Section 56

第6章 >> Dropboxを活用しよう

削除したファイルを復元しよう

削除して30日以内のファイルやフォルダであれば、Web版のDropboxからファイルやフォルダを復元することができます。ここでは、「イベント」からファイルを復元する方法を解説します。

イベントでファイルを復元する

1. Web版Dropboxを開き、＜イベント＞をクリックします。

クリックする

2. Dropbox内のすべての変更状況が表示されます。

表示される

3. 削除したファイルにカーソルを合わせると、右端に「復元」が表示されるので、＜復元＞をクリックします。

クリックする　　**復元**

④ <削除の取り消し>をクリックします。

クリックする

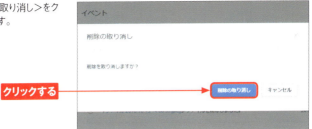

⑤ 「ファイルを復元しました。」と表示されて、ファイルが復元されます。

表示される

Memo カレンダーを操作してイベントを確認する

カレンダーを操作して作業状況を確認したい場合は、以下の手順で行うことができます。P.154手順②の画面で、 ▬ をクリックし、作業状況を表示させたい月や日付を選択すると、その日までの作業状況を表示させることができます。なお、 ・ をクリックすると、作業状況を確認したいフォルダを選択することができるので、特定のフォルダの作業状況を確認したい場合に便利です。

Section 57 第6章 >> Dropboxを活用しよう

ファイルにコメントを付けよう

Dropboxには、コメント機能があります。この機能を利用すると、Dropbox内に保存されているファイルにコメントを付け、共有相手とコミュニケーションをとることができます。投稿したコメントは、削除することもできます。

ファイルにコメントを付ける

① 左側のメニューで<ファイル>をクリックし、コメントを付けたいファイルが保存されているフォルダをクリックします。

クリックする

② 共有しているファイルをクリックします。

クリックする

③ ファイルの内容が表示され、画面右上にコメント入力画面が表示されます。コメント画面が表示されない場合は、画面右上の 💬 をクリックして表示します。

表示される

4. コメントを入力し、＜投稿＞をクリックします。

5. ファイルにコメントが投稿されます。共有している相手にはコメントが表示されます。

Memo コメントの種類

コメントの種類は2種類あります。P.156手順③の画面で、コメント画面に表示される　をクリックすると、ステッカーを利用でき、　をクリックすると、特定のユーザーにコメントすることができます。なお、投稿されたコメントに返信したい場合は、手順⑤の画面でコメント内の＜返信＞をクリックし、内容を入力して、＜投稿＞をクリックします。コメントを削除したい場合は、コメントをクリックすると「削除」が表示されるので、＜削除＞をクリックします。

Section **58**

第6章 >> Dropboxを活用しよう

Dropboxバッジを利用しよう

Dropboxバッジを使用すると、作業中のファイルを共有したり、バージョン履歴から変更や削除した内容を確認したりなど、Dropboxの便利な機能へかんたんにアクセスすることができます。

Dropboxバッジを利用する

1. デスクトップ画面右下のタスクトレイでをクリックし、■をクリックします。

2. Microsoft Officeファイルが保存されているフォルダをダブルクリックします(ここでは「文書」フォルダ)。

3. ファイルをダブルクリックします。

④ Microsoft Excelが開き、右側にDropboxバッジが表示されます。バッジをクリックしながら上下左右にドラッグすると、バッジの位置を移動させることができます。

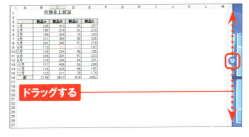

⑤ バッジをクリックすると、Dropboxの機能を利用できます。ここでは＜共有＞をクリックします。

⑥ ファイルを共有したい相手のメールアドレスまたは名前を入力し、メッセージを入力して＜招待＞をクリックすると、かんたんに共有することができます。

Memo Dropboxバッジとは？

Dropboxバッジは、Dropboxに保存されているMicrosoft Word、PowerPoint、Excelなどのファイルを開いた際に、右側に表示されるバッジです。バッジを使用すると、共有したり、コメントを投稿したりなど、Dropboxの機能へかんたんにアクセスすることができます。なお、バッジを非表示にしたい場合は、手順⑤の画面で、＜基本設定＞をクリックし、「Dropboxバッジ」内から＜今後表示しない＞をクリックして選択し、＜OK＞をクリックします。

第6章 Dropboxを活用しよう

Section 59　第6章 >> Dropbox を活用しよう

Dropboxのフォルダにファイルをアップロードしてもらおう

「ファイルリクエスト」機能は、Dropboxのアカウントを持っていない人でも、ファイルをアップロードしてもらえるように、リクエストメールを送信することができる便利な機能です。

ファイルリクエストを作成する

1. Web版Dropboxを開き、＜ファイルリクエスト＞をクリックし、＜ファイルリクエストを作成＞をクリックします。

    ❶クリックする → ファイルリクエスト
    ❷クリックする → ファイルリクエストを作成

2. リクエストするファイルやフォルダの名前を入力し、ファイルの保存先を選択して、＜次へ＞をクリックします。

    ❶入力する
    ❷選択する
    ❸クリックする

3. リクエストを送信したい相手のメールアドレスを入力し、メッセージを入力したら、＜送信＞をクリックします。なお、＜リンクをコピー＞をクリックし、そのリンクをメールに貼り付け、送信することもできます。

    ❶入力する
    ❷クリックする

ファイルをアップロードする

1. メールを受信した相手は、メール内の<ファイルをアップロードする>をクリックします。

2. 右画面が表示されたら、<ファイルを選択>をクリックします。

3. アップロードするファイルをクリックし、<開く>をクリックします。

4. 名前とメールアドレスを入力し、<アップロード>をクリックします。P.160手順②で選択したフォルダに、ファイルがアップロードされます。

Section 60

第6章 >> Dropbox を活用しよう

Gmail で Dropbox の ファイルのリンクを添付しよう

Google Chrome用の拡張機能をインストールすれば、Gmailを作成する際に、Dropboxに保存されているファイルのリンクを作成して、メールを送信することができるようになります。

Gmail版Dropboxを利用する

① Google Chromeを開き、アドレスバーに「https://chrome.google.com/webstore」を入力し、Enterキーを押すと、Chromeウェブストアが表示されます。

② 検索欄に「gmail版dropbox」と入力して、検索し、「Gmail版Dropbox」の<CHROMEに追加>をクリックします。

❶入力する
❷クリックする

③ <拡張機能を追加>をクリックします。「Gmail版Dropbox」の拡張機能がインストールされます。

クリックする
拡張機能を追加

(4) インストールが終わるとGmailが開き、画面右下にメール作成画面が表示されます。「スタートガイド」が表示されますが、ここでは×をクリックします。

(5) ❤をクリックします。ログイン画面が表示されたら、<ログイン>をクリックし、メールアドレスとパスワードを入力して、ログインします。

(6) 新しいウィンドウが開き、Dropboxに保存されているファイルが表示されます。メールに添付したいファイルをクリックし、<リンクを挿入する>をクリックします。

(7) 送信相手のメールアドレスと件名、本文を入力し、<送信>をクリックします。相手にファイルのリンクが送信されます。

Section 61

第6章 >> Dropboxを活用しよう

Dropbox Automator でファイルを自動変換しよう

「Dropbox Automator」は、Dropboxに保存されたデータを自動変換してくれるWebサービスです。Dropboxのアカウントと連携するだけで利用することができます。なお、一部の機能を利用するためには、有料会員になる必要があります。

Dropbox Automatorでファイルを自動変換する

1. Webブラウザで「http://wappwolf.com/dropboxautomator」にアクセスし、<Login / Sign Up>をクリックします。

クリックする

2. <Connect Dropbox>をクリックします。Dropboxのログイン画面が表示された場合は、メールアドレスとパスワードを入力し、<ログイン>をクリックします。

クリックする

3. <許可>をクリックします。

クリックする

(4) 自動変換を行うファイルを保存するDropboxのフォルダのラジオボタンをクリックし、<Next>をクリックします。

(5) 実行したい操作（ここでは「Downscale it」）のラジオボタンをクリックし、任意のサイズを選択したら、<Add Action>をクリックします。複数選択も可能です。

(6) 画面上部の<finished?>をクリックします。

(7) 自動変換の設定が完了します。

(8) 手順④で選択したDropboxのフォルダにファイルを保存すると、手順⑤で設定した操作（画像サイズの変更）が自動的に実行され、「result」フォルダの中に処理後のファイルが保存されます。

第6章 Dropboxを活用しよう

Section 62 第6章 >> Dropboxを活用しよう

同期フォルダ以外を同期しよう

Dropboxでは、パソコンの「Dropbox」フォルダ内のファイルが同期されますが、アプリを利用すると、それ以外の場所にあるフォルダを同期させることができます。Windowsは「Dropbox Folder Sync」、Macは「MacDropAny」を利用します。

Dropbox Folder Syncを使う（Windows）

事前にWebブラウザで「http://satyadeepk.in/dropbox-folder-sync/」にアクセスし、「Dropbox Folder Sync」をダウンロードしてインストールする必要があります。

1. 「Dropbox Folder Sync」のインストールが完了すると、ポップアップ画面が表示されるので、＜OK＞をクリックします。

2. 「Dropbox Folder Sync」で同期させたフォルダを保存する場所を選択します。＜Change＞をクリックします。

3. ＜Dropbox＞をクリックし、＜OK＞をクリックします。

4. ＜OK＞をクリックします。

⑤ パソコン内に保存されている、同期させたいフォルダを右クリックします。「Dropbox Folder Sync」にカーソルを合わせ、<Sync with Dropbox>をクリックします。

⑥ <OK>をクリックします。Dropboxと同期されるようになります。設定した同期を解除するには、手順⑤の画面で、<Unsync with Dropbox>をクリックします。

⑦ デスクトップ画面右下のタスクトレイで、■をクリックし、■をクリックします。

⑧ 手順⑤で同期したフォルダを、Dropbox内で確認することができます。

MacDropAnyを使う（Mac）

事前にWebブラウザで「http://www.zibity.com/macdropany.html」にアクセスし、「MacDropAny」をダウンロードしておく必要があります。

① ダウンロードした「MacDropAny」をダブルクリックして起動し、＜Choose a Folder＞をクリックします。

② パソコン内に保存されている、同期させたいフォルダをクリックし、＜Choose Folder＞をクリックします。

③ をクリックします。

4. <Dropbox>をクリックし、画面右下の<Sync>をクリックします。

5. P.168手順②で選択したフォルダがDropboxと同期されるようになります。続けてフォルダを同期したい場合は<Sync Another Folder>をクリックし、終了する場合は<Quit MacDropAny>をクリックします。

6. デスクトップ画面のメニューバーから♥をクリックし、■をクリックします。

7. 手順④で同期させたフォルダを、Dropbox内で確認することができます。

Section 63

第6章 >> Dropbox を活用しよう

ファイルを自動収集して保存しよう

ファイル自動収集ソフトの保存先をDropboxに設定すると、外出先やほかのパソコンからでもファイルを確認できます。ここでは、Windowsの画像収集ソフト「ImageGeter」を利用した手順を解説します。

ImageGeterを使う

(1) Webブラウザで「http://uwa.potetihouse.com/soft/imagegeter.html」にアクセスすると、「ImageGeter」のページが表示されます。

(2) 「ダウンロード」の<ImageGeter 2.1.0.exe>をクリックし、<保存>→<実行>の順にクリックします。

クリックする

(3) ダウンロードが完了すると、「セットアップウィザードへようこそ」画面が表示されます。<次へ>をクリックし、画面の指示に従って操作を行い、インストールします。

クリックする

④ 「Dropbox」フォルダを開き、任意のフォルダ名（ここでは「ImageGeter」）でImageGeter専用フォルダを作成しておきます。

作成する

⑤ インストールが終わったら、ImageGeterを起動します。＜デフォルト＞をクリックし、＋をクリックします。

❶クリックする
❷クリックする

⑥ 「簡単設定」画面が表示されます。ここでは、＜Google画像検索＞をクリックします。

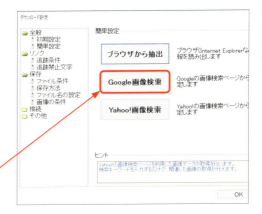

クリックする

⑦ 検索したいキーワードを入力し、＜OK＞をクリックします。

技術評論社

❶入力する
❷クリックする

第6章 Dropboxを活用しよう

⑧ <OK>をクリックします。

クリックする

⑨ <保存方法>をクリックし、「このページの設定を親フォルダから引き継ぐ」のチェックボックスをクリックして、チェックを外します。

❶クリックする
❷クリックする

⑩ <参照>をクリックします。

クリックする

⑪ P.171手順④でDropboxに作成したImageGeterフォルダをクリックし、<OK>をクリックします。

❶クリックする
❷クリックする

⑫ 設定が終わったら<OK>をクリックします。

⑬ ▶をクリックすると、画像のダウンロードが開始します。

⑭ P.171手順⑦で入力したキーワードをクリックすると、ダウンロードされた画像が表示されます。

Memo ダウンロードされた画像を確認する

「Dropbox」フォルダを開き、P.171手順④で作成した「ImageGeter」フォルダをダブルクリックすると、ダウンロードした画像を確認できます。画像は自動保存されるので、Dropboxの使用容量がいっぱいにならないように、フォルダを確認し、不要な画像を削除するようにしましょう。

Section 64

第6章 >> Dropboxを活用しよう

WebページをPDFファイルにして保存しよう

Webページをオフラインでも読みたい場合は、WebページをPDFに変換し、Dropbox内に保存しておくと便利です。外出先やネットの環境がない場所でも、閲覧することができます。ここでは、「Web2PDF」を利用した手順を解説します。

WebページをPDFファイルにして保存する

1. Webブラウザで「http://www.web2pdfconvert.com/」にアクセスし、URL入力欄に、PDFに変換したいWebサイトのURLを入力します。<Convert to PDF>をクリックします。

   ❶入力する　❷クリックする

2. PDFに変換しています。

3. 変換が完了したら、<Download PDF>をクリックします。

   クリックする

④ 画面下部で<保存>をクリックし、表示が変わったら<開く>をクリックします。

⑤ PDFに変換されたページが表示されます。画面左上の<ファイル>をクリックします。<名前を付けて保存>をクリックします。

⑥ ∨をクリックして「Dropbox」を選択し、ファイル名を入力したら、<保存>をクリックします。「Dropbox」フォルダを開くと、P.174手順③で変換したWebページが、PDFで保存されていることを確認できます。

Memo オプション設定ができる

P.174手順①の画面で、<options>をクリックすると、画質や用紙サイズ、向き、余白、日付やURLの表示など、詳細な設定をすることができます。

Section 65 第6章 >> Dropboxを活用しよう

ファイルを暗号化しよう

Dropbox内に保存されているファイルを暗号化することで、不正アクセスの防止につながります。ここでは、「Boxcryptor」を利用した手順を解説します。「Boxcryptor」をインストールしているWindowsのパソコンからのみ閲覧が可能です。

Boxcryptorをインストールする

1 Webブラウザで「https://www.boxcryptor.com/en」にアクセスし、<Download Boxcryptor>をクリックします。画面の指示に従ってインストールを行います。

2 インストールが終わると、ログイン画面が表示されます。ここでは、<Create your Boxcryptor account>をクリックします。

3 名前、メールアドレス、パスワードを入力し、チェックボックスをクリックしてチェックを付けたら、<Next>をクリックします。

4 パスワードの忠告画面が表示されます。チェックボックスをクリックしてチェックを付け、<Next>をクリックします。

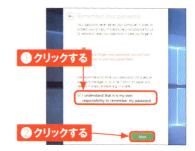

⑤ プラン(ここでは<Free>)をクリックします。<Next>をクリックすると、設定が完了します。

❶ クリックする
❷ クリックする

⑥ Boxcryptorのアカウント作成が完了します。<OK>をクリックします。

クリックする

⑦ P.176手順❸で登録したメールアドレスとパスワードを入力し、<Sign in>をクリックします。

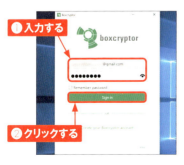

❶ 入力する
❷ クリックする

⑧ Boxcryptorの説明画面が表示されます。→ をクリックして進み、<Finish>をクリックします。

クリックする

⑨ チュートリアル画面が表示されます。クリックすると、Boxcryptorの利用方法を確認できます。

第6章 Dropboxを活用しよう

177

Boxcryptorでファイルを暗号化する

1. Boxcryptorをインストールすると、「Boxcryptor (X)」という領域が作成されます。エクスプローラーを開き、<Boxcryptor (X)>をクリックしたら、<Dropbox>をダブルクリックします。

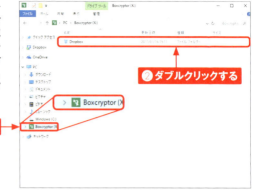

2. 暗号化したいファイルが保存されているフォルダをダブルクリックします。

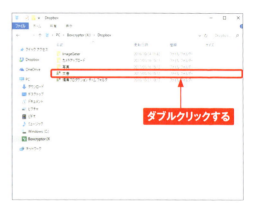

3. 暗号化したいファイルを右クリックし、「Boxcryptor」にカーソルを合わせ、<Encrypt>をクリックすると、ファイルが暗号化されます。

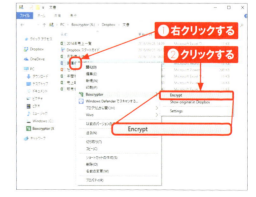

暗号化したファイルを確認する

1 Web版Dropboxを開き、P.178で暗号化したファイルをクリックします。

クリックする

2 ファイルが暗号化されていることが確認できます。なお、Web版Dropboxでは、拡張子が「.bc」となって暗号化されます。

Memo 暗号化を解除する

暗号化したファイルを解除したい場合は、以下の手順で解除することができます。P.178手順①~②を参考にBoxcryptorを開き、暗号化したファイルが保存されているフォルダをダブルクリックして開きます。暗号化したファイルを右クリックし、「Boxcryptor」にカーソルを合わせて、<Decryptor>をクリックします。確認画面が表示されるので、<Yes>をクリックすると、暗号化を解除することができます。

Section 66

第6章 >> Dropbox を活用しよう

キャッシュを削除しよう

Dropboxのキャッシュは、非表示のフォルダに保管されています。ファイルを削除してもハードディスクで操作が反映されない場合は、このフォルダからキャッシュを削除しましょう。なお、キャッシュフォルダは3日ごとに自動的にクリアされます。

キャッシュを削除する(Windows)

① エクスプローラーを開き、アドレスバーをクリックします。

クリックする

② アドレスバーに「%HOMEPATH%¥Dropbox¥.dropbox.cache」と入力し、Enterキーを押します。

入力する

③ Dropboxのキャッシュが入ったフォルダが表示されます。ここでは、<2016-10-27>フォルダをダブルクリックします。

ダブルクリックする

④ 削除したファイルが表示されます。通常のファイルと同様に削除することができます。

表示される

キャッシュを削除する（Mac）

1. Dockの📁をクリックして、Finderを表示します。

クリックする

2. [Shift]+[⌘]+[G]を押すと、ダイアログボックスが表示されます。「~/Dropbox/.dropbox.cache」と入力し、＜移動＞をクリックします。

❶入力する
❷クリックする

3. Dropboxのキャッシュが入ったフォルダが表示されます。

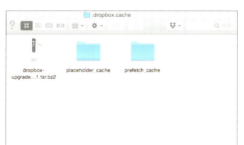

4. 削除したいファイルやフォルダをクリックし、❖ ˇをクリックします。＜ゴミ箱に入れる＞をクリックすると、キャッシュフォルダから削除されます。

❶クリックする
❷クリックする
❸クリックする

Section 67

第6章 >> Dropbox を活用しよう

アカウントを削除しよう

ほかのオンラインストレージサービスをメインで利用したり、Dropboxのアカウントが不要になったりした場合は、Dropboxのアカウントを削除することができます。なお、Dropboxをアンインストールしても、アカウントは削除されないので注意しましょう。

アカウントを削除する

(1) Web版Dropboxを開き、ユーザー名をクリックします。

(2) ＜設定＞をクリックします。

(3) ＜アカウント＞をクリックします。

④ 画面を下方向にスクロールし、＜Dropboxアカウントを削除する＞をクリックします。

⑤ パスワードを入力します。∨をクリックしてアカウント削除の理由を選択し、＜アカウントを削除する＞をクリックします。

⑥ Web版Dropboxから自動的にログアウトされ、アカウント削除の通知が表示されます。

Memo リンク済みアプリを確認しよう

Dropboxでは、Dropboxと連動したアプリを以下の手順で確認することができます。Dropboxに登録した不要なアプリや、使わなくなったアプリなどは、定期的に削除するようにしましょう。なお、アプリをインストールしていても、Dropboxのリンク済みアプリに表示されない場合は、アプリの設定画面から、Dropboxと連動させる必要があります。

(1) Web版Dropboxを開き、ユーザー名→＜設定＞の順にクリックします。

(2) ＜セキュリティ＞をクリックします。

(3) 画面を下方向にスクロールすると、リンク済みアプリが表示されます。×をクリックすると、アプリとの連動を解除することができます。

第7章

スマートフォンでDropboxを活用しよう

Section 68	スマートフォンで取ったメモをDropboxに保存しよう
Section 69	スマートフォンのボイスメモをDropboxに保存しよう
Section 70	Androidスマートフォンで文書をPDF化しよう
Section 71	AndroidスマートフォンのSDカードとDropboxを同期しよう
Section 72	iPhoneでドキュメントをスキャンしよう
Section 73	スマートフォンでOfficeファイルを編集しよう
Section 74	パスコードを設定しよう
Section 75	LINEの画像を保存しよう

Section 68

第7章 >> スマートフォンで Dropbox を活用しよう

スマートフォンで取ったメモを Dropbox に保存しよう

Dropboxと同期できるメモアプリを利用すると、作成したメモが自動的にDropboxに保存されます。iPhoneでは「NoteBox」、Androidスマートフォンでは「Plain.txt」を紹介します。アプリは事前にインストールしておく必要があります。

NoteBoxの設定を行う（iPhone）

① iPhoneで、NoteBoxアプリを起動します。＜OK＞をタップし、次の画面で＜許可＞をタップします。

② 画面右下の…をタップします。

③ ＜アプリとサービスを統合する＞をタップします。

④ 画面を上方向にスワイプし、＜Dropboxにログイン＞をタップします。

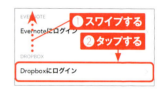

⑤ ＜開く＞をタップします。

⑥ ＜許可＞をタップすると、Dropboxとリンクされます。

NoteBoxで取ったメモを保存する

① P.186手順⑥のあと、画面左上の<設定>→<閉じる>の順にタップし、画面右上の+をタップします。

② メモを入力し、<完了>をタップします。

③ 画面右下の をタップします。

④ 左右にドラッグして、<Dropboxサービス>をタップします。

⑤ 手順②で作成したメモが、Dropboxに保存されます。

⑥ Dropboxアプリを開き、<アプリ>をタップします。

⑦ <NoteBox App>をタップします。

⑧ 手順②で作成したファイルをタップすると、内容が表示されます。

Plain.txtで取ったメモを保存する（Android）

1. Androidスマートフォンで、Plain.txtを起動し、＜SIGN UP/SIGN IN＞をタップします。

2. ＜許可＞をタップします。

3. ＋をタップします。

4. ファイル名を入力し、＜CREATE＞をタップします。

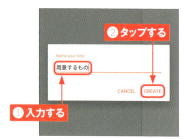

5. メモを入力します。自動的に同期され、Dropboxに保存されます。

⑥ Dropboxアプリを開き、＜アプリ＞をタップします。

⑦ ＜Plain.txt＞をタップします。

⑧ P.188手順④で作成したファイルをタップします。

⑨ 開きたいアプリ（ここでは＜Dropboxテキストエディタ＞）をタップし、＜1回のみ＞をタップします。

⑩ メモの内容が表示されます。

Section 69

第7章 >> スマートフォンでDropboxを活用しよう

スマートフォンのボイスメモをDropboxに保存しよう

録音したボイスメモをDropboxに保存することができます。iPhoneでは「Awesome Voice Recorder」、Androidスマートフォンでは「Tape-a-Talk Voice Recorder」を使用した手順を解説します。アプリは事前にインストールしておきましょう。

Awesome Voice Recorderの設定を行う(iPhone)

1 iPhoneで、Awesome Voice Recorderを起動し、画面右下の 🎙 をタップします。

2 画面を上方向にスワイプし、「Dropbox」の ⬤ をタップして ⬤ にします。

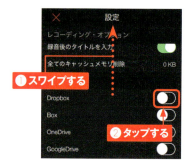

3 Dropboxに登録したメールアドレスとパスワードを入力し、<ログインしてリンクする>をタップします。

4 Dropboxに接続されます。画面左上の ✕ をタップします。

◎ Awesome Voice Recorderで録音したボイスメモを保存する

(1) Awesome Voice Recorderを起動し、◯をタップすると、録音が開始されます。

(2) ◯をタップすると、一時停止します。録音を終了する場合は、◻をタップします。

(3) ファイル名（ここでは日付）を入力し、＜セーブ＞をタップします。

(4) 手順①の画面に戻ります。画面左下の■をタップして、＜Default＞をタップします。

(5) Dropboxに保存したいボイスメモの■をタップします。

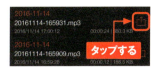

(6) ＜共有＞をタップします。

(7) ＜Dropbox＞をタップします。

(8) 画面右上の＜アップロード＞をタップします。

(9) Dropboxアプリを起動し、「アプリ」フォルダ→「Awesome Voice Recorder」フォルダの順にタップすると、保存したボイスメモを確認できます。

CamScannerで撮影した文書をPDF化する

(1) 画面左上の←を何度かタップして、マイドキュメントを表示し、画面右下の◎をタップします。PDF化したい文書にカメラを向け、◎をタップして撮影します。

(2) □を上下左右にドラッグすると、トリミング範囲を指定できます。画面右下の✓をタップします。

(3) 手順②で指定した大きさで画面に表示されます。画面右下の✓をタップします。

(4) Dropboxに保存したいドキュメントをタップします。

(5) 画面右上の＜をタップし、＜PDFファイル＞または＜イメージ（JPG）＞をタップします。

(6) ＜Dropboxに追加＞をタップし、保存したいフォルダをタップして＜追加＞をタップすると、指定したフォルダに保存されます。

Tape-a-Talk Voice Recorderを使う(Android)

(1) Androidスマートフォンで、Tape-a-Talk Voice Recorderを起動し、●をタップすると、録音が開始されます。

(2) ⏸をタップすると、一時停止します。録音を終了する場合は、■をタップします。

(3) 録音した音声が表示されます。音声ファイルをロングタッチします。

(4) <Send/Upload>をタップします。

(5) 画面を上方向にスワイプし、<Dropboxに追加>をタップします。

(6) 保存したいフォルダ(ここでは<アプリ>)をタップします。

(7) 画面右下の<追加>をタップします。

(8) Dropboxアプリを起動すると、手順⑥で選択したフォルダに、ボイスメモが保存されていることが確認できます。

Section 70

第7章 >> スマートフォンでDropboxを活用しよう

Androidスマートフォンで文書をPDF化しよう

「CamScanner」は、スマートフォンのカメラをスキャナのように利用でき、撮影した文書をPDF化できるアプリです。トリミングやコントラストの調整など、便利な機能が備わっています。アプリは事前にインストールする必要があります。

CamScannerの設定を行う（Android）

1. Androidスマートフォンで、CamScannerを起動し、＜今すぐ使う＞をタップします。

2. 画面左上の☰をタップし、＜設定＞をタップします。☰が表示されない場合は、＜をタップします。

3. ＜ドキュメントエクスポート＞をタップします。

4. ＜アップロードアカウント管理＞をタップします。

5. 「Dropbox」の＜ログイン＞をタップします。

6. Dropboxに登録したメールアドレスとパスワードを入力し、＜ログイン＞をタップして、次の画面で＜許可＞をタップします。

Section 71

第7章 >> スマートフォンで Dropbox を活用しよう

Android スマートフォンの SD カードと Dropbox を同期しよう

「Titanium Media Sync」(有料)は、AndroidスマートフォンのSDカード内のフォルダをDropboxに同期することができるアプリです。手動でのファイルバックアップ操作が不要になるので便利です。アプリは事前にインストールしておく必要があります。

AndroidスマートフォンのSDカードとDropboxを同期する

(1) Androidスマートフォンで、Titanium Media Syncを起動し、画面右上の■→<アカウントの管理>の順にタップします。

(2) <新しいアカウントを追加>をタップします。

(3) <Dropbox>をタップします。

(4) <クリックでアカウント設定>をタップします。

(5) <親しみやすい名前>をタップして任意の名前を入力し、<ログイン>をタップします。

(6) <許可>をタップします。

⑦ 設定が完了します。画面左下の◁をタップします。

⑧ P.196手順⑤で入力した名前をタップします。

⑨ 2分割された画面の、左にAndroidスマートフォンのSDカード内のフォルダ、右にDropboxのフォルダが表示されます。Dropboxに移動したいAndroidスマートフォンのフォルダを、右側にあるDropboxのフォルダへドラッグします。

⑩ 同期の方法（ここでは＜ローカルからどろっぷ（連続同期）＞をタップします。

⑪ ＜はい（今すぐ同期します）＞をタップします。

⑫ フォルダの同期状態が表示されます。

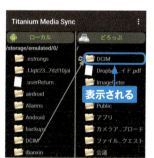

Section 72

第7章 >> スマートフォンでDropboxを活用しよう

iPhoneで ドキュメントをスキャンしよう

iPhoneやiPadで、Dropboxアプリのドキュメントスキャン機能を使用すると、レシートや手書きメモ、スケッチなどをかんたんにスキャンしてデータ化することができ、Dropboxにファイルを作成することができます。

iPhoneでドキュメントをスキャンする

① iPhoneで、Dropboxアプリを起動し、画面下部の + をタップします。

② <ドキュメントをスキャン>をタップします。

③ 下のような画面が表示されたら、<試してみる>をタップします。

④ カメラへのアクセスが求められたら、<OK>をタップします。

⑤ 写真へのアクセスが求められたら、<OK>をタップします。

⑥ スキャンしたいドキュメントにカメラを向けると、スキャンの対象領域が枠線で囲まれます。◯をタップして撮影します。

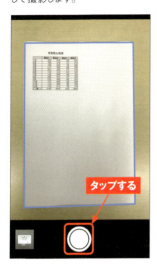

タップする

⑦ 編集ビューが表示されます。ドキュメントを編集したい場合は、画面下部のアイコンをタップします（Memo参照）。ここでは＜次へ＞をタップします。

タップする

⑧ 任意のファイル名を入力し、ファイル形式をタップして選択します。保存先を選択して、＜保存＞をタップすると、Dropbox内に保存されます。

❶設定する
❷タップする

Memo ドキュメントを編集する

スキャンしたドキュメントは、必要に応じて編集することができます。手順⑦の画面で、画面下部の🗋をタップすると、続けてドキュメントをスキャンすることができます。✂をタップすると、ドキュメントの領域を変更したり、コントラストを設定できます。↻をタップすると、ドキュメントの向きを変えることができます。また、画面上部の＜並べ替え＞をタップすると、スキャンしたドキュメントの順番を変えることができるので、複数のドキュメントをスキャンしたときに便利です。

Section 73

第7章 >> スマートフォンで Dropbox を活用しよう

スマートフォンで Officeファイルを編集しよう

Officeファイルは、専用アプリをインストールすることで、iPhoneやAndroidスマートフォンから編集をすることができます。Microsoft Wordなどのアプリは事前にインストールし、初回起動時の設定を行っておく必要があります。

iPhoneでOfficeファイルを編集する

① iPhoneで、Dropboxアプリを起動し、編集したいファイルが保存されているフォルダをタップします。

② 編集したいファイル（ここではWordファイル）をタップします。

③ 画面下部の をタップします。

④ <Microsoft Word>をタップします。

⑤ <開く>をタップします。

⑥ <許可>をタップします。

⑦ Wordアプリでファイルが開き、印刷レイアウトで表示されます。画面をタップすると、編集ができます。ファイルは自動で保存されます。

タップする

⑧ をタップすると、フォントの太さや色を変えることができ、 をタップすると、ファイルを共有することができます。編集が終わったら、 をタップします。

タップする

⑨ キーボードが閉じ、ファイル内容全体が表示されます。 をタップします。

タップする

⑩ モバイルビューで表示されます。 をタップすると、手順⑨の画面に戻ります。

タップする

AndroidスマートフォンでOfficeファイルを編集する

(1) AndroidスマートフォンでDropboxアプリを起動し、編集したいファイルが保存されているフォルダをタップします。

(2) 編集したいファイル（ここではExcelファイル）をタップします。

(3) 画面右下の ☑ をタップします。

(4) ＜Excel＞をタップし、＜常時＞または＜1回のみ＞をタップします。

(5) ＜許可＞をタップします。

(6) Excelアプリでファイルが表示されます。画面をタップすると、編集することができます。

⑦ 編集したい箇所をタップして選択し、画面上部の🖋をタップし、メニューをスワイプして選択すると、太字にしたり、フォントの色を変えたりすることができます。▼をタップすると、P.202手順⑥の画面に戻ります。

⑧ P.202手順⑥の画面で、○を上下左右にドラッグすると、範囲を選択できます。

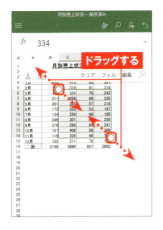

⑨ 編集した内容は自動で保存されます。手順⑧の画面で、画面左上の≡をタップすると、ファイルに関する操作を行うことができます。

Memo スマートフォン用のMicrosoft Officeアプリ

Dropbox上に保存したOfficeファイルを編集するためには、スマートフォン用のMicrosoft Officeアプリをインストールする必要があります。

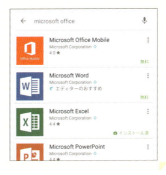

Section 74

第7章 >> スマートフォンでDropboxを活用しよう

パスコードを設定しよう

iPhoneやAndroidスマートフォンにインストールされたDropboxアプリには、4桁の数字でパスコードを設定できます。毎回パスコードが求められますが、スマートフォンを紛失した場合でも、Dropbox内のデータは保護されるので安全です。

パスコードを設定する（iPhone）

① iPhoneで、Dropboxアプリを起動し、画面左下の＜最近＞をタップします。

② 画面左上の◎をタップします。

③ ＜パスコードロック＞をタップします。

④ ＜パスコードをオンにする＞をタップします。

⑤ 任意のパスコード4桁を2回入力します。

⑥ パスコードが設定されます。パスコードをオフにしたい場合は、＜パスコードをオフにする＞をタップします。

パスコードを設定する（Android）

① Androidスマートフォンで、Dropboxアプリを起動し、画面左上の☰をタップします。

② ⚙をタップします。

③ ＜パスコード設定＞をタップします。

④ ＜パスコードをオン＞をタップします。

⑤ 任意のパスコード4桁を2回入力します。

⑥ パスコードが設定されます。パスコードをオフにしたい場合は、＜パスコードをオフ＞をタップします。

Section 75

第7章 >> スマートフォンでDropboxを活用しよう

LINEの画像を保存しよう

LINEで送られてきた画像を、Dropbox内に保存することができます。なお、Dropboxアプリで「カメラアップロード」をオンにしている場合（Sec.45参照）は、LINEから画像を保存するだけで、自動的にDropboxにアップロードされます。

LINEの画像をDropboxに保存する（iPhone）

1 LINEを起動し、Dropboxに保存したい画像をタップします。

タップする

2 画面左下の↓をタップすると、iPhone内の「写真」に保存されます。

タップする

3 ホーム画面で＜写真＞をタップし、手順②で保存した画像を開きます。をタップして、画像の保存を行います。詳しくはSec.42で解説しています。

タップする

Memo Twitterの画像を保存する

Twitterの画像をDropboxに保存したい場合は、保存したい画像をロングタッチし、＜Dropboxに保存＞をタップします。

タップする

LINEの画像をDropboxに保存する（Android）

1 Androidスマートフォンで、LINEを起動し、Dropboxに保存したい画像をタップします。

2 画面左下の◁をタップします。

3 ＜その他アプリで共有＞をタップします。

4 ＜Dropboxに追加＞をタップします。

5 画像を保存したいフォルダ（ここでは＜写真＞）をタップします。

6 画面右下の＜追加＞をタップすると、Dropbox内に画像が保存されます。

Dropbox連携アプリを使おう

ここでは、スマートフォンで利用できる、Dropboxに対応した便利なアプリを紹介します。いずれも、iPhone版、Androidスマートフォン版の両方が提供されています。

● SideBooks

価格：無料

本をめくるような感覚で、サクサクと閲覧できるビューアプリです。本棚とDropboxが直接リンクしており、Dropboxをよく利用する人にはおすすめのアプリです。

● NoteLedge Cloud（Android版はNoteLedge）

価格：無料

手書き入力のほか、音声なども挿入できるノート作成アプリです。ちょっとしたメモからスケジュール管理まで、さまざまなノートを作成でき、PDFファイルでDropboxへの保存も可能です。

● JSバックアップ

価格：無料

タップひとつでスマートフォンのデータをバックアップできます。作成したバックアップはDropboxに保存が可能です。

第8章

Dropbox Proに
アップグレードしよう

Section 76	Dropbox Proとは
Section 77	Dropbox Proにアップグレードしよう
Section 78	共有の有効期限を設定しよう
Section 79	共有フォルダを読み取り専用にしよう
Section 80	共有ファイルにパスワードをかけよう
Section 81	遠隔削除しよう

Dropbox Proとは

Dropbox Proとは、有料版のプランです。Dropbox Proへアップグレードすることで、利用できる容量が大幅に増えます。また、Dropbox Basicよりも強力な共有機能やセキュリティ機能が備わっています。

Dropbox Proとは

Dropboxの有料版には、個人での利用を目的とした「Dropbox Pro」と、チームやグループなど複数人での利用を目的とした「Dropbox Business」、大企業向けの「Enterprise」の3種類があります。それぞれの利用シーンを想定した高い機能と安全性が大きな魅力です。写真や動画など、大容量のファイルを保存したいときや、共有リンクのセキュリティを強化したい場合は、Dropboxを有料版にアップグレードしておきましょう。なお、「Dropbox Business」は、会社などの組織で利用することを主な目的としているため、最少で5ユーザーからの申し込みになります。「Enterprise」は、企業の規模に合わせて最適なソリューションを提供してくれるため、価格などについては、Dropboxに直接問い合わせる必要があります。なお、これらの情報は、2017年1月19日現在の情報で、価格など内容が予告なく変更される場合があります。

●無料版と有料版の主な違い

	Dropbox Basic（無料版）	Dropbox Pro（個人向け）	Dropbox Business（ビジネス向け）
容量	2GB	1TB	無制限 ※1
アクセス管理機能	×	○	◎
ファイル復元期間	30日	30日	無制限
遠隔削除	×	○	○
共有リンク期限設定	×	○	○
価格（月間払い）	無料	1,200円／月	7,500円／月 ※2
価格（年間払い）		12,000円／年	75,000円／年 ※3

※1 初期導入 1TB/ユーザー。必要に応じ無料追加（別途申し込み）。
※2 最小5ユーザー。
※3 最小5ユーザー。

有料版で利用できる主な機能

●共有フォルダのアクセス権限

共有フォルダでデータを共有するときに、メンバーの権限を個別に設定でき、共有フォルダのほかのメンバーがファイルの追加や編集、削除ができないように、読み取り専用にすることができます。読み取り専用に設定すると、共有相手のフォルダには鍵マークが付きます（Sec.79参照）。

●共有リンクのセキュリティ機能

共有リンクは、相手にリンクを送ることで、Dropboxを利用していない人もファイルを閲覧できる便利な機能です。無料版はリンクを作成、削除の機能のみですが、有料版では、リンクにパスワードをかけたり、有効期限を設定したりすることができます（Sec.78、80参照）。

●遠隔削除

遠隔削除は、デバイスが紛失・盗難にあった場合に、遠隔操作でDropboxフォルダを削除できます。なお、遠隔削除をしても、対象のデバイスからDropboxフォルダが削除されるだけで、サーバー上のDropboxファイルは保存されています（Sec.81参照）。

Section 77

第8章 >> Dropbox Pro にアップグレードしよう

Dropbox Pro にアップグレードしよう

有料プランのDropbox Proにアップグレードすると、使用できる容量が1TBに増えるなど、さまざまなメリットがあります。ここでは、Dropbox Proへのアップグレードの手順を解説します。プランは、月間払いと年間払いの2種類から選択できます。

Dropbox Proにアップグレードする

1. Web版Dropboxを開き、＜アップグレードして容量を増やす＞をクリックします。

クリックする

2. ここでは、「Pro」の＜利用を開始＞をクリックします。

クリックする

3. ＜アップグレード＞をクリックします。

クリックする

(4) <年間払い>または<月間払い>をクリックして選択します。

クリックする

(5) 支払い方法をクリックして選択します。クレジットカードを選択した場合は、クレジットカードの情報を入力します。郵便番号を入力し、国を設定したら、<今すぐ購入>をクリックします。

①クリックする
②入力する
③クリックする

(6) Dropbox Proへのアップグレードが完了します。<Dropboxにアクセス>をクリックすると、Web版Dropboxの画面が表示されます。

クリックする

Memo 加入プランを確認する

加入しているプランを確認したい場合は、Web版Dropboxを開き、ユーザー名→<設定>→<プロフィール>の順にクリックします。請求対象期間を変更できるほか、請求履歴を表示したり、プランをキャンセルしたりすることもできます。

第8章 Dropbox Proにアップグレードしよう

Section 78

第8章 >> Dropbox Pro にアップグレードしよう

共有の有効期限を設定しよう

Dropbox ProまたはDropbox Businessにアップグレードすれば、共有リンクに有効期限を設定することができ、作業終了後に意図しないファイルへのアクセスを防ぐことができます。有効期限の設定は、リンクの共有後でも可能です。

共有期間を設定する

① Web版Dropboxを開き、共有期間を設定したいファイルにカーソルを合わせ、＜共有＞をクリックします。

② ＜リンクを作成＞をクリックします。リンクを作成している場合は、手順③の画面に進みます。

③ ＜リンクの設定＞をクリックします。

④ 「このリンクに有効期限を追加しますか?」の＜はい＞をクリックします。

⑤ ＜30日＞をクリックし、設定したい有効期限(ここでは＜カスタム日付＞)をクリックします。

⑥ 日付をクリックしてカレンダーを表示し、有効期限に設定したい日をクリックします。

⑦ ＜設定を保存＞をクリックすると、共有リンクに有効期限が設定されます。次の画面で、共有相手のメールアドレスを入力して共有しましょう。

Section

79

第8章 >> Dropbox Pro にアップグレードしよう

共有フォルダを
読み取り専用にしよう

Dropbox ProまたはDropbox Businessでは、共有フォルダのメンバーが、フォルダ内のファイルの追加や編集、削除をできないように、読み取り専用の権限を設定することができます。

共有フォルダを読み取り専用にする

(1) Web版Dropboxを開き、<共有>をクリックします。

(2) 共有フォルダの右側に表示される<共有>をクリックします。

(3) 読み取り専用にしたいユーザーの<編集可能>をクリックし、<閲覧可能>をクリックします。

④ 共有フォルダが読み取り専用になります。　をクリックして、設定を終了します。

⑤ 共有フォルダを読み取り専用にすると、共有相手のフォルダには鍵マークが付きます。

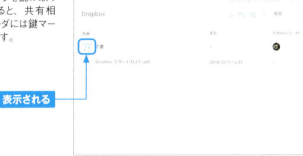

Memo パソコン版Dropboxで共有フォルダを読み取り専用にする

パソコン版Dropboxでも、以下の手順で共有フォルダを読み取り専用にすることができます。パソコン版Dropboxを開き、共有フォルダを右クリックしたら、＜共有＞をクリックします。読み取り専用にしたいユーザーの＜編集可能＞→＜閲覧可能＞の順にクリックすると、共有フォルダが読み取り専用に設定されます。

Section 80

第8章 >> Dropbox Pro にアップグレードしよう

共有ファイルにパスワードをかけよう

Dropbox ProまたはDropbox Businessでは、共有ファイルにパスワードをかけることができます。共有相手は、パスワードを入力しないとファイルを開くことができないため、データの情報漏洩を防ぐことができます。

共有ファイルにパスワードをかける

(1) Web版Dropboxを開きます。パスワードをかけることができるのは、リンクを作成したフォルダやファイルです。ここでは、<リンク>をクリックしますが、各フォルダやファイルから操作することも可能です。

(2) パスワードをかけたいファイルの … をクリックします。

(3) <リンクの設定>をクリックします。

④ ＜パスワードの所有者のみ＞をクリックします。

⑤ 任意のパスワードを入力し、＜設定を保存＞をクリックします。

Memo パスワードをかけたファイルにアクセスする

パスワードをかけたフォルダやファイルにアクセスできるのは、パスワードを知っているユーザーのみです。パスワードをかけたファイルにアクセスすると、右のような画面が表示されます。パスワードを入力し、＜入力＞をクリックすると、ファイルを閲覧することができます。

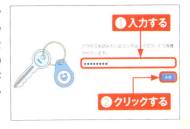

Section 81　第8章 >> Dropbox Pro にアップグレードしよう

遠隔削除しよう

有料版Dropboxでは、遠隔削除が利用でき、デバイスを保護することができます。デバイスが紛失や盗難にあった場合に、Dropboxにファイルのコピーを安全にバックアップしながら、Dropboxファイルを削除します。

遠隔削除する

(1) Web版Dropboxを開き、ユーザー名をクリックします。

(2) ＜設定＞をクリックします。

(3) ＜セキュリティ＞をクリックします。

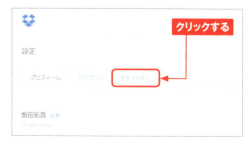

④ 遠隔削除したいデバイス（ここでは「DESKTOP-MQ9FDGQ」）の × をクリックします。

⑤ チェックボックスをクリックしてチェックを付け、＜リンクを解除＞をクリックすると、手順④で選択したデバイスとDropboxのリンクが解除されます。

Memo 再リンクしたいときは

遠隔削除したデバイスとDropboxを再リンクしたい場合は、デスクトップ画面右下のタスクトレイで📦→＜ご利用を開始するには〜＞の順にクリックします。ログイン画面が表示されるので、Dropboxで登録したメールアドレスとパスワードを入力し、＜ログイン＞をクリックすると、再リンクさせることができます。

索引

数字・アルファベット

2段階認証 … 146
Android版Dropbox … 34
Awesome Voice Recorder … 190
Boxcryptor … 176
CamScanner … 194
Dropbox … 10
Dropbox Automator … 164
Dropbox Folder Sync … 166
Dropbox Paper … 100
Dropbox Pro … 210
Dropboxの活用例 … 36
Dropboxのしくみ … 12
Dropboxバッジ … 158
Facebookで共有 … 116
Finder … 50
Gmail版Dropbox … 162
ImageGeter … 170
iPhone版Dropbox … 32
JSバックアップ … 208
LINEの画像を保存 … 206
MacDropAny … 168
Mac版Dropbox … 28
NoteBox … 186
NoteLedge Cloud … 208
Officeファイルを編集 … 42, 200
Picbox … 119
Plain.txt … 188
SideBooks … 208
Tape-a-Talk Voice Recorder … 192
Titanium Media Sync … 196
Twitterで共有 … 117
Web2PDF … 174
Windows版Dropbox … 24

あ行

アカウントを削除 … 182
アカウントを作成 … 18
アップグレード … 212
アルバムを閲覧 … 110
アルバムを公開 … 114
アルバムを削除 … 113
アルバムを作成 … 108
アルバムを編集 … 112
暗号化を解除 … 179
イベントを確認 … 88, 155
インストール … 25
エクスプローラーからファイルを保存 … 44
遠隔削除 … 220
オンラインストレージ … 10

か行

拡張子で検索 … 71
加入プランを確認 … 213
カメラアップロード … 120
既存のフォルダを共有 … 84
基本画面 … 22
キャッシュを削除 … 180
共有期間を設定 … 214
共有ファイルにパスワードをかける … 218
共有フォルダを作成 … 82
公開用URL … 115
更新履歴を確認 … 66
コメント … 156
コメントの種類 … 157

さ行

再リンク … 221
作業状況を確認 … 88
撮影した写真をバックアップ … 119
撮影した写真を保存 … 118

写真を公開	104
写真を保存	102
招待を承認	85
スタートガイド	130

た行

タイムライン	106
ダウンロード	24
チームを管理	96
チームを削除	97
チームを作成	92
チームを退会	97
通知の設定	138
通知領域	48
デバイスのリンクを解除	150
デバイスを再リンク	151
同期	27
同期しないフォルダを設定	134
同期の設定	134
同期フォルダ以外を同期	166
動作環境	17
ドキュメントをスキャン	198
ドキュメントを編集	199

は行

バージョン履歴	67
パスコードを設定	204
パスワードを変更	142
ファイルリクエスト	160
ファイルをアップロード	38, 56
ファイルを暗号化	176
ファイルを閲覧	54
ファイルを確認	40
ファイルを完全に削除	61
ファイルを共有	76, 98
ファイルを検索	68
ファイルを削除	60
ファイルを自動収集	170
ファイルを自動変換	164
ファイルをダウンロード	41
ファイルを復元	64
ファイルを保存	58
フォルダの保存先を変更	136
フォルダを共有	78
フォルダを作成	39
復元できる期限	65
プロフィール写真	140
紛失	152

ま〜や行

メールアドレスを確認	74
メールアドレスを変更	144
ユーザーを削除	87
ユーザーを追加	86
友人を招待	132
容量を確認	128
読み取り専用	216

ら行

利用できるデバイス	14
リンク	122
リンク済みアプリ	184
リンクの設定	79
リンクを削除	90
リンクを作成	79
ログアウト	21
ログイン	20

お問い合わせについて

本書に関するご質問については、本書に記載されている内容に関するもののみとさせていただきます。本書の内容と関係のないご質問につきましては、一切お答えできませんので、あらかじめご了承ください。また、電話でのご質問は受け付けておりませんので、必ずFAXか書面にて下記までお送りください。
なお、ご質問の際には、必ず以下の項目を明記していただきますようお願いいたします。

1. お名前
2. 返信先の住所またはFAX番号
3. 書名
   （ゼロからはじめる Dropbox スマートガイド）
4. 本書の該当ページ
5. ご使用のソフトウェアのバージョン
6. ご質問内容

なお、お送りいただいたご質問には、できる限り迅速にお答えできるよう努力いたしておりますが、場合によってはお答えするまでに時間がかかることがあります。また、回答の期日をご指定なさっても、ご希望にお応えできるとは限りません。あらかじめご了承くださいますよう、お願いいたします。ご質問の際に記載いただきました個人情報は、回答後速やかに破棄させていただきます。

■ お問い合わせの例

FAX

1. お名前
   技術　太郎
2. 返信先の住所またはFAX番号
   03-XXXX-XXXX
3. 書名
   ゼロからはじめる
   Dropboxスマートガイド
4. 本書の該当ページ
   40ページ
5. ご使用のソフトウェアのバージョン
   Android 6.0.1
6. ご質問内容
   手順3の画面が表示されない

お問い合わせ先

〒162-0846
東京都新宿区市谷左内町21-13
株式会社技術評論社　書籍編集部
「ゼロからはじめる Dropbox スマートガイド」質問係
FAX番号　03-3513-6167
URL：http://book.gihyo.jp

ゼロからはじめる Dropbox スマートガイド
（ドロップボックス）

2017年3月9日　初版　第1刷発行

著者	リンクアップ
発行者	片岡　巌
発行所	株式会社　技術評論社
	東京都新宿区市谷左内町21-13
電話	03-3513-6150　販売促進部
	03-3513-6160　書籍編集部
担当	矢野　俊博
装丁	菊池　祐（ライラック）
本文デザイン・編集・DTP	リンクアップ
製本／印刷	図書印刷株式会社

定価はカバーに表示してあります。
落丁・乱丁がございましたら、弊社販売促進部までお送りください。交換いたします。
本書の一部または全部を著作権法の定める範囲を超え、無断で複写、複製、転載、テープ化、ファイルに落とすことを禁じます。
© 2017 リンクアップ

ISBN978-4-7741-8735-8 C3055
Printed in Japan